“科学就在你身边”系列

你是我生命的源泉

——水的故事

总　主　编　杨广军

副总主编　朱焯炜　章振华　张兴娟

　　　　　胡　俊　黄晓春　徐永存

本册主编　向　婷

副　主　编　程勋亮

上海科学普及出版社

图书在版编目（CIP）数据

你是我生命的源泉：水的故事/向婷主编.—上海：
上海科学普及出版社，2011.4(2018.4 重印)
(科学就在你身边系列/杨广军主编)
ISBN 978-7-5427-4864-5

Ⅰ.①你… Ⅱ.①向… Ⅲ.①水—普及读物 Ⅳ.①P33-49

中国版本图书馆 CIP 数据核字(2011)第 015985 号

组　　稿　胡名正　徐丽萍
责任编辑　张怡纳　徐丽萍　刘湘雯

“科学就在你身边”系列
你是我生命的源泉
——水的故事
总主编　杨广军
副总主编　朱焯炜　章振华　张兴娟
胡　俊　黄晓春　徐永存
本册主编　向　婷
副主编　程勋亮
上海科学普及出版社出版发行
(上海中山北路 832 号　邮政编码 200070)
http://www.pspsh.com

各地新华书店经销　北京一鑫印务有限责任公司印刷
开本 787×1092　1/16　印张 15　字数 200 000
2011 年 4 月第 1 版　2018 年 4 月第 3 次印刷

ISBN 978-7-5427-4864-5　定价：28.80 元

卷首语

您，是生命之源。您的存在，使我们的星球更加美丽，使整个世界充满了生机。秀美的山川，清亮的溪水，湛蓝的海洋……

您，给人类以文明，让历史源远流长。尼罗河孕育了埃及文明，印度河孕育了印度文明，黄河和长江则孕育了我们的华夏文明。

您，给诗人以灵感——“河汉清且浅，相去复几许？盈盈一水间，脉脉不得语”；给哲人以智慧——“逝者如斯夫，不舍昼夜”。

您不但给生命提供了适宜生存、生长的温床，还直接参与了生命的孕育与活动。

水——您就是一位慈爱的母亲，用甘甜的乳汁滋润了大地万物。您与我们是如此的亲近，您的变幻又是那样的神奇，就让我们一起，进入这水的世界，去观赏和领略她的风采和魅力吧……

目　录

饮水思源——水的本源

水的婀娜身姿——水的形态

水利万物而不争——水与我们的生活

木无本必枯　水无源必竭——水资源

目　录

饮水思源

——水的本源

地球刚刚诞生的时候，没有河流，也没有海洋，更没有生命的存在，它的表面是干燥的，大气层中也很少能看见水的踪迹。那么如今，在地球上，有浩瀚无垠的大海，奔腾不息的河流，烟波浩淼的湖泊，奇形怪状的万年冰雪，还有那地下涌动的清泉和天上的雨雪云雾，这些水是从哪儿来的呢？我们一起去探索水的来源。

唯有源头活水来——水的来源

从太空中鸟瞰地球，它是一个蓝色的球体。地球不仅是一个美丽的星球，也是一个与众不同的星体，因为它的大部分由水体构成。

◆太空中看地球

在我们能够观察到的茫茫宇宙中，在某个星球上发现一点水的蛛丝马迹并不奇怪，但是，地球表面积的71%被海洋覆盖，总面积约3.6亿平方千米，水如此大量地存在着，这就只能用“奇迹”二字来形容了。地球上的水从哪里来？

关于水的来源

关于水的来源有各种各样的说法，但其中主要包括两种情况：一种是自生的，认为地球的水来自地球内部；另一种是外生的，认为地球的水来自地球外部的宇宙空间。

自生说

1. 地球从原始星云凝聚成行星后，由于内部温度变化和重力作用，地球逐渐分化出圈层，在分化过程中，氢、氧等气体上浮到地表，再通过各种物理和化学变化形成水。

2. 地下深处的岩浆中含有丰富的水，同时火山的喷发也能释放出大量的水。此外，地球内部矿物脱水也可分解出部分水，或者由释放出的一氧化碳等气体，在高温下与氢作用生成水。

◆火山喷发

3. 最初的地球是一个冰冷的球体。此后，由于在地球内部的铀、钍等放射性元素开始衰变，释放出热能，之后，地球内部的物质开始熔化，高熔点的物质下沉，易熔化的物质上升，从中分离出易挥发的物质：氮气、氧气、碳水化合物、硫化物和大量水蒸气。

外生说

1. 人们在研究球粒陨石成分时，发现其中含有一定量的水，一般为0.5%～5%，有的高达10%以上，而少数碳质球粒陨石含水更多。球粒陨石是太阳系中最常见的一种陨石，大约占所有陨石总数的86%。一般认为，球粒陨石是原始太阳最早期的凝结物，地球和太阳系的其他行星都是由这些球粒陨石凝聚而成的。

◆星云图

2. 太阳风到达地球大气圈上层，带来大量的氢核、碳核、氧核等原子核，这些原子核与大气圈中的电子结合成氢原子、碳原子、氧原子等。再通过不同的化学反应变成水分子。据估计，在地球大气的高层，每年几乎产生1.5吨这种“宇宙水”。然后，这种水以雨、雪的形式落到地球上。

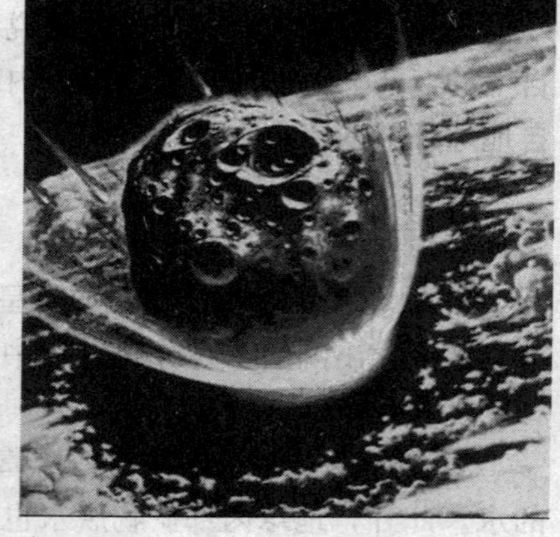

◆陨石图

科学总在大胆的假设与不断的探索求证中完善。地球之水究竟从何而来？对于以上两种关于水的来源的说法，还有待科学的进一步探索给出定论。

我国关于水的神话传说

◆女娲补天图

神话是远古时代人类对自然现象和和社会生活的描述和解释，它用想象来表达当时人类想征服自然、改造自然的美好愿望。在人类早期，由于当时的生产力相当低下，人们对各种奇怪的自然现象，不能加以科学的解解，因而凭借丰富、大胆的想象，把这些现象加以神化，创造出许多瑰丽多彩的神话故事。

水是生命之源，是人类生存最重要的因素和最强大的自然力之一。远古时代，人们对水的依赖和对水所具有的无限威力和神圣力量的崇拜，产生了许多与水相关的想象。在有幸保存下来的中国古代神话中，关于水的神话占有相当大的比重，构成了中华水文化的一个不可或缺的部分，这是一个十分奇特而值得重视的文化现象。

历史典故——盘古开天地

在许许多多神话中，当数“盘古开天地”的神话最值得一提了。在远古的时候，没有天、也没有地，上下一片混沌，好像一个大鸡蛋。盘古躺在里面，呼噜呼噜睡大觉。有一天醒来，看见周围的景象很不顺。他顺手拿起一把斧头，抡起来使劲一砍，劈开了蛋壳，之后周围的一切都发生了变化。一些很轻很亮的东西，轻轻地升上去，一天长一丈，越长越高，变成高高的天空。另一些又重又浑浊的东西往下沉，越沉越深，变成脚下的大地。他舒了一下筋骨，很满意自己创造的天地。

天地虽然分开，但他还有些担心，眼前分开的天地会不会再合拢在一起呢？于是，他站起身子，头顶天，脚踏地，用力支撑着，不让它合拢在一起。每天天

◆盘古开天地图

升高一丈，地加厚一丈，盘古的身子也跟着长高。这样过了一万八千年，天变得很高，地也变得很厚，盘古也长得很高很高，据说有九万里高，变成了一个巨人。盘古就这样日日夜夜地支撑着天地，但最后终于支持不了，倒下了。

盘古死后，天地并没有合拢，反倒分得更开，往后一直也没有坍塌。据说盘古临死时曾大声叫喊，他的声音变成了雷声，目光变成了闪电，最后的呼吸变成了风和云彩，左眼变成太阳，右眼变成月亮，头发和胡须变成了满天的星星，倒下的身体、伸开的手脚变成绵延起伏的山脉，血液变成滚滚江河，皮肤和汗毛变成花草和树木，肌肉变成了一片片田地，脉络变成道路，牙齿、骨头变成闪闪发光的矿石和金属，汗珠变成甘霖雨露。

神话传说对天地万物形成的看法虽然是幼稚的，但它已经认识到了世界的物质性。巨人盘古在“垂死化身”，把身体的一切都交付给大自然、变成世界万物的过程中，身上的血液脂膏变成了江与海，流下的汗水变成了滋润大地的雨水，甚至哭泣的眼泪也变成了江河。传说中盘古死后的这些变化，表现了古人对水的重视。

对水的崇拜——泼水节

在远古时代，由于生产力极其低下，人们对洪水等自然灾害无能为力，又不能用科学知识去合理地解释，因此认为洪水的发生是由于水神作怪。为了达到免除水患的目的，人们只好祈求那些虚幻的水神，于是便出现了水神崇拜现象。

◆泼水节

“泼水节”就是人们对水崇拜的一种形式。泼水节是傣族一年一度的传统节日。泼水节是在傣历年六月，约在公历的 4 月 13 日、14 日、15 日这三天。第

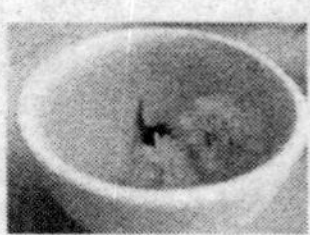

一天傣语叫“麦日”，与我们的除夕相似；第二天傣语叫“恼日”（空日），是新旧年交替的过渡日；第三天才是新年，叫“叭网玛”，意为岁首，人们把这一天视为最美好、最吉祥的日子。节日清晨，傣族男女老少就穿上节日盛装，挑着清水，先到佛寺浴佛，然后就开始互相泼水，互祝吉祥、幸福、健康和平安。人们一边翩翩起舞，一边呼喊：“水！水！水！”锣鼓之声响彻云霄，祝福的水花到处飞溅，场面十分壮观。

知识链接——“泼水节”的由来传说

很早以前，一个无恶不作的魔王霸占了美丽富饶的西双版纳，并抢来七位美丽的姑娘做他的妻子。姑娘们满怀仇恨，合计着如何杀死魔王。一天夜里，年纪最小的姑娘侬香用最好的酒肉，把魔王灌得酩酊大醉，使他吐露自己致命的弱点。原来这个天不怕地不怕的魔王，就怕用他的头发勒住自己的脖子，机警的小姑娘小心翼翼地拔下魔王一根红头发，勒住他的脖子。果然，魔王的头就掉了下来，变成一团火球，滚到哪里，邪火就蔓延到哪里。竹楼被烧毁，庄稼被烧焦。为了扑灭邪火，小姑娘揪住了魔王的头，其他六位姑娘轮流不停地向上面泼水，终于在傣历的6月把邪火扑灭了。乡亲们开始了安居乐业的生活。从此，便有了逢年泼水的习俗。现在，泼水的习俗实际上已成为人们相互祝福的一种形式。在傣族人看来，水是圣洁、美好、光明的象征。世界上有了水，万物才能生长，水是生命之神。

◆傣族“泼水节”

泼水节是傣族最隆重的节日，也是云南少数民族节日中影响面最大，参加人数最多的节日。现在的“泼水节”已演化成群众性的狂欢活动，街市里、广场上到处可见人们在相互追逐，相互泼水祈福。主要的活动地点是西双版纳傣族自治州的景洪市及其他各地，昆明的云南民族村也组织“泼水节”活动。

小资料：各国与水有关的节日

1. 雨节

每年七八月份间的一天，人们都要把神抬到无顶的围栏中，以烈日曝晒。婆罗门教徒在神像前诵经求雨。这就是泰国一年一度的雨节。

2. 明尼阿波利斯水节

“明尼阿波利斯”在印度语中的意思是“水城”。世界闻名的密西西比河源头之一即在该城以北的伊塔斯卡湖，该城周围还有其他22个湖泊。水与这里人们的生活密切相关，从而产生了水节。水节在每年7月的14至22日，活动多达200余项，主要有水撬滑行、海龟竞走、化装游行和焰火晚会等。

◆焰火晚会

3. 送水节

送水节是柬埔寨最重要的传统节日，一般在每年的10月至11月举行，它标志着一年中雨季的结束和捕鱼季节的到来。节日期间，在王宫广场前的湄公河上举行的龙舟大赛，是送水节最热闹的庆祝活动。图为坐在龙舟舟头的姑娘用舞蹈手势指挥同伴们齐心合力，奋勇向前。

◆划龙舟图

4. 宋干节

宋干节是泰国、老挝的传统节日，在每年的4月13日举行，因为这一天是泰历新年的第一天，节期3天。该节日是泰国最隆重的节日，在这一天，人们穿上节日的盛装，纷纷走上街头相互泼水，表达节日的祝福。为了推动“假日经济”，泰国政府在2002年将“宋干节”的庆祝活动时间延长到8天。

5. 洗头节

在每年的6月份，南朝鲜人都要欢度传统的洗头节。在节日这天的清晨，除了不便外出的人之外，男女老少都要到河边用流水冲洗头发，以图除去身上的灾祸邪气。到了晚上，人们还在家里举行洗头宴，唱洗头歌，全家高高兴兴地吃一顿丰盛的晚餐。一些有条件的人，还专门抬着酒和食物到乡间寻找山泉溪流，同时在野外举行洗头宴。

6. 爱泉节

前不久，西班牙在南部一山谷举办了“爱泉节”，无生育的男子纷纷前往参加。主办者说，这个山谷中有一股清泉，无生育能力的人只要喝了泉水，便能治好病，变成有生育能力的男子汉。据记载，早在12世纪阿拉伯人统治西班牙时，人们就把此地泉水视为“圣水”。15世纪，基督教徒赶走了阿拉伯人，“爱泉”遂被封闭。1993年年底，人类学家阿沃莱达从一本书中发现了“爱泉”的“秘密”，因而倡议举办爱泉节。但在科技发达的现代社会，人们还是对“爱泉”的“疗效”产生了怀疑。

微观世界探秘——水的属性

◆纯净的水

水与我们密切相关，人们只知道水是日常生活中不可或缺的物质，似乎已经习惯了它的存在。在我们眼中，水是一种无色、无味、透明的液体，是一种一目了然的物质。但是随着科学技术的发展，人类探索自然能力的提升，对水各种性质的研究也逐渐深入，也对水有了更多更新的认识，并且能利用水的多种属性来推动人类生产力的发展。

物质的属性是其本身具有的与其他物质不同的根本原因，是必然的、基本的、不可分离的特征。水的属性是水本身所具有的不同于其他物质的特性。水有多种属性，主要包括物理属性和化学属性。

水的密度

在物理学中，把某种物质单位体积的质量叫做这种物质的密度。密度的符号为：ρ（读作 rōu），其数学表达式为 $\rho=m/V$，国际单位制的单位为：千克/立方米（kg/m^3）。[在国际单位制中，质量单位是：千克（kg），体积单位是：立方米（m^3）。]

密度是反映物质特性的一个物理量，它是每种物质所特有的一种属性，只与物质的种类有关，而与质量、体积等因素无关。不同的物质，密度一般是不相同的，同种物质的密度则是相同的。

在标准大气压下，0℃时，水的密度为 $0.99987\times10^3 kg/m^3$，100℃时，水的密度为 $0.95838\times10^3 kg/m^3$，在 4℃时，水的密度最大，为 $1\times10^3 kg/m^3$。

当温度高于 4℃时，水的密度随温度升高而减小。在 0℃～4℃时，水不服从热胀冷缩的规律，体积随温度的升高而减小。

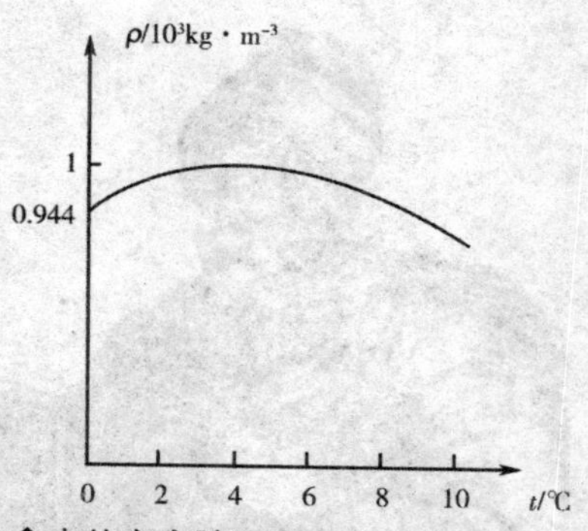

◆水的密度随温度变化图像

密度在科学研究和生产生活中有着广泛的应用。对于鉴别未知物质，密度是一个重要的依据。在选种时，可根据种子在水中的沉浮情况进行选种：饱满健壮的种子因密度大而下沉；瘪壳和其他杂草种子由于密度小而浮在水面上。在工农业生产上，如淀粉的生产常以土豆为原料，一般来说含淀粉多的土豆密度较大，故通过测定土豆的密度可估计淀粉的产量。

想一想议一议

密度是物体的一种特性，不同的物体具有不同的密度。根据物体密度与水密度的大小关系，我们可以判断放入水中物体的“浮”与“沉”。

物体密度和水密度的关系：

当 $\rho_{物体}<\rho_{水}$，物体漂浮（或上浮）

当 $\rho_{物体}=\rho_{水}$，物体悬浮

当 $\rho_{物体}>\rho_{水}$，物体沉底（或下沉）

当物体放入其他液体中时，我们同样可以用这种方法去判断物体的“浮”与“沉”。但是有一个前提条件，就是放入的物体不与水或该液体发生化学或物理反应。

轶闻趣事——阿基米德原理

有这样一个美丽的传说，据说希耶隆二世制造了一顶金王冠，但是，他总是怀疑金匠偷了他的金子，在王冠中掺了银。

于是，他请来阿基米德作鉴定，条件是不许弄坏王冠。当时，人们并不知道

◆沉思中的阿基米德

不同的物质有不同的密度，阿基米德冥思苦想了好多天，也没有找到好的办法。有一天，他去洗澡，刚躺进盛满温水的浴盆时，水便漫溢出来，而他则感到自己的身体在微微上浮。于是他忽然想到，相同重量的物体，由于体积的不同，排出的水量也不同。他不再洗澡，从浴盆中跳出来，一丝不挂地从大街上跑回家做实验。他把王冠放到盛满水的盆中，量出溢出的水的重量，又把同样重量的纯金放到盛满水的盆中，但溢出的水比刚才溢出的少，于是，他得出金匠在王冠中掺了银子。由此，他发现了浮力原理，也称之为阿基米德原理。

动动手——测量固体的密度

基本原理：$\rho=m/V$

器材：天平、量筒、水、金属块、细绳

步骤：

1. 用天平称出金属块的质量；
2. 往量筒中注入适量水，读出体积为 V_1；
3. 用细绳系住金属块放入量筒中，浸没，读出体积为 V_2。

计算表达式：$\rho=m/(V_2-V_1)$

◆天平

动动手——测量液体的密度

基本原理：$\rho=m/V$

器材：烧杯、量筒、天平、待测液体

步骤：

1. 用调好的天平称出烧杯和待测液体的总质量 M_1；

2. 将烧杯中的液体（适量）倒入量筒中，用天平测出剩余液体和烧杯的质量 M_2；

3. 读出量筒中液体的体积 V。

计算表达：$\rho=(M_1-M_2)/V$

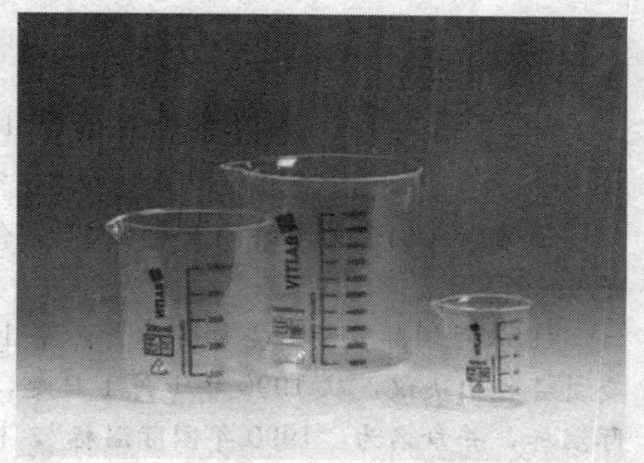
◆烧杯

水的沸点

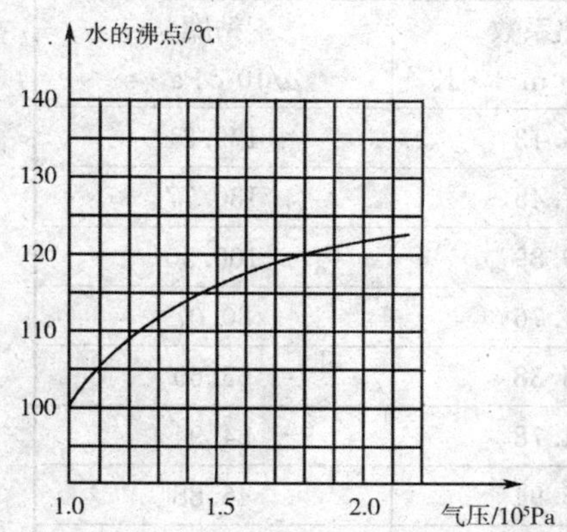

◆水的沸点随压强变化图

在一定压力下，某物质的饱和蒸汽压与此压力下对应的温度，该温度就是这种物质的沸点。在标准状态下，水的沸点是 99.974℃，但是，在不要求精确计算的情况下，为了方便计算，水的沸点通常取 100℃。

早在 18 世纪，人们就注意到了，水在不同的地方，沸点是不同的。后来人们发现，导致沸点变化的原因是大气压。气压高的地方，比如海平面，水的沸点就高一点；而在气压低的地方，比如高山上，水的沸点就低一些。

这听起来好像和我们并没什么关系，而我们生活中用到的高压锅却和它密切相关。炖肉的时候，温度高，肉容易烂。使用普通锅，水的温度最高也就是 100℃，而在海拔高的地方，水的温度最高才九十几摄氏度，这样炖肉就比较慢。怎么办呢？有人发明了高压锅。原理就是提高了压力，水的沸点也随着提高，这样炖肉就快多了。

小资料：水的沸点真的是100℃？

通常，人们认为水的沸点是100℃，但这个数字是不精确的。更精确的应该是99.974℃。

1988年国际度量衡委员会推荐，第18届国际计量大会及第77届国际计量委员会作出决议，从1990年1月1日起，开始在世界范围内采用重新修订的国际温标，并命名为“1990年国际温标”，代号为“ITS—90”。随着科学技术的发展，这一温标已经相当接近热力学温标。和“IPTS—68”相比，水的沸点略微偏低了一些，即标准状态下，水的沸点不再是100℃，而是99.974℃。

水除了具有以上物理性质外，还有一些其他的物理性质。

不同温度下水的部分物理性质

温度 t/℃	比热容 c_p/kJ・kg^{-1}・K^{-1}	导热系数 $\lambda/10^{-2}$ W・m^{-1}・K^{-1}	粘度 $\mu/10^{-5}$ Pa・s
0	4.212	55.13	179.21
10	4.197	57.45	130.77
20	4.183	59.89	100.50
30	4.174	61.76	80.07
40	4.174	63.38	65.60
50	4.174	64.78	54.94
60	4.178	65.94	46.88
70	4.178	66.76	40.61
80	4.195	67.45	35.65
90	4.208	67.98	31.65
100	4.220	68.04	28.38

水的化学性质

物质在发生化学变化时才表现出来的性质叫做化学性质。如可燃性、氧化性、还原性等。

饮水思源——水的本源

水是由氢和氧两种元素构成的，其化学分子式用 H_2O 表示，水的化学性质是水在发生化学变化时表现出来的性质。水可以和金属单质发生氧化还原反应。一般而言，水在常温下就能与活泼金属如钾、钠发生反应，生成碱和氢气。如果我们在烧杯中加一些水，滴入几滴酚酞溶液，然后把一小块钠放入水中，我们会看到这样的现象：钠浮在水面上，迅速熔成一个光亮的小球在水面上四处游动，并发出"嘶嘶"的响声，溶液变为红色。这是因为钠性质活泼，与水发生剧烈反应；钠的密度比水小所以浮在上面；反应时放出大量的热使钠熔成小球；反应中产生的气体推动钠球的旋转；得到的溶液呈碱性所以酚酞试液变红。在这个反应中水起到一个氧化剂的作用。在高温下，水还能和较活泼的金属如镁、铝等发生氧化还原反应。水与一些非金属单质及其氧化物发生反应，生成酸，如接触法制硫酸中经过造气和接触氧化制得的三氧化硫气体（SO_3）被水吸收生成硫酸：$SO_3+H_2O=H_2SO_4$。水能够和有机物、无机盐发生水解反应：如 $FeCl_3+3H_2O=Fe(OH)_3+3HCl$，一般情况下，水解是可逆反应，但是由于水解吸热，所以加热能够促进水解。在加热条件下，上述反应能够进行完全，最终生成 Fe_2O_3。在通电或光照情况下，水还可以发生分解反应产生氢气和氧气：$2H_2O=2H_2\uparrow+O_2\uparrow$。

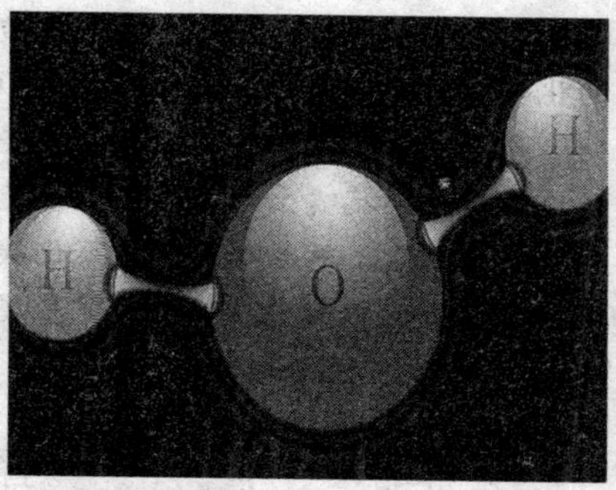

◆水分子结构图

◆钠与水发生反应

小实验——二氧化碳与水反应

实验原理：

二氧化碳与水反应中，生成碳酸，酸遇紫色的石蕊溶液颜色发生改变。反应的化学方程式是：$H_2O+CO_2 = H_2CO_3$。实验过程：

如图所示，取四朵用石蕊溶液染成紫色的干燥的小花。第一朵小花喷上稀醋酸，第二朵小花喷上水，第三朵小花直接放入盛满二氧化碳的集气瓶中，第四朵小花喷上水后，再放入盛满二氧化碳的集气瓶中，观察四朵花的颜色变化。然后将第四朵小花取出小心加热，观察现象。

◆二氧化碳与水的反应

小贴士——自制汽水

◆汽水

二氧化碳能溶于水。在通常状况下，1体积的水约能溶解1体积的二氧化碳，增大压强还会溶解得更多。生产汽水等碳酸型饮料就是利用了二氧化碳的这一性质。

汽水是由矿泉水或经过煮沸、紫外照射消毒后的饮用水，充以二氧化碳制成的。属于含二氧化碳的碳酸饮料。工厂制作汽水是通过加压的方法，使二氧化碳气体溶解在水里，溶解得越多，汽水质量越好。在实验室或家庭中也可以自制汽水。取一个洗刷干净的汽水瓶，瓶里加入占容积80%的冷开水，再加入白糖及果味香精，然后加入2克碳酸氢钠，搅拌溶解在水中，之后放在冰箱中降温。取出后，打开瓶盖就可以饮用。

二氧化碳从人体排出时，可以带走热量，因此喝汽水能解热消渴。喝冰镇的汽水时，由于汽水温度更低，溶解了更多的二氧化碳，有更多的二氧化碳从体内排出，能带走更多的热量，所以会降低肠胃的温度。冰镇汽水不宜多饮，以免对肠胃产生强烈的刺激，严重时会引起胃的痉挛、腹痛等不适。

讲解——氢键独特的物理化学性质

一个水分子中的氢原子能够与附近另一水分子中的氧原子发生正负电荷相吸现象，从而在邻近水分子之间形成一种相互联结的作用力。在化学上，将这一作用力称为氢键。

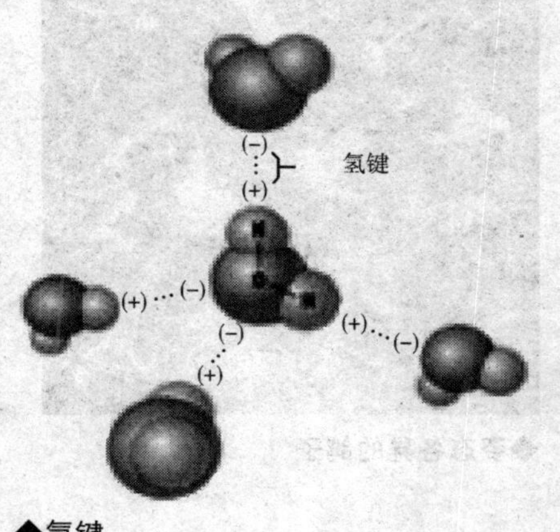

◆氢键

氢键的存在导致水具有了一系列独特的物理化学性质。根据元素周期律，同族元素的氢化物，其熔点和沸点应随分子量的增加而增高。水与它同族的 H_2S、H_2Se 和 H_2Te 相比，熔点和沸点都应该最低。但事实正好相反，因为存在氢键，水分子间的作用力大大增强，需要更多的能量才能破坏它们原有的结构。让我们设想一下，如果水分子中没有氢键，那么水的熔点将低于−85℃，沸点将低于−60℃。那样的话，地球上将不可能存在大量的液态水，生命也因此无法生存。当水处于气体状态时，由于分子间距离过大，无法形成氢键，水分子基本单独存在。当水处于液态或固态时，水分子之间间距较小，能够形成氢键，从而在水分子之间出现缔合现象。固体冰中，水分子完全缔合，每个水分子均与其他 4 个水分子以氢键结合，形成正四面体的空间网状结构。与固态冰相比，液态水中分子间距较大，只有一部分水分子因氢键而缔合，其他水分子则填充于空隙之中。这样的分子结构，反而使固态冰的分子间空隙更大，密度低于液态水。

水是地球上唯一一种固体密度低于液体密度的物质，它的这一特性对陆地生命来说有着极其重要的意义。如果冰的密度大于液态水的密度，两极的巨大冰川将会全部沉入海底，全球海平面将会升高数百米。届时，绝大部分陆地都将被海水淹没，包括人类在内的陆上生物都将无以为家。

看我七十二变——物态及其变化

◆姿态各异的鸽子

在大自然中，物质以各种各样的形态存在着：江河湖泊、山川大海、花虫鸟兽、不同肤色的人种、形态各异的建筑……大到宇宙星球，小到分子、原子、电子等极微小的粒子，真是千姿百态争奇斗艳。大自然自身的发展，造就了物质世界这种绚丽多彩的场面。物质为什么能呈现出如此多姿的状态呢？就让我们一起跟随科学发展的脚步去探索吧！

固态、液态、气态

自然界中的一切物质都由大量的微观粒子构成。当大量微观粒子在一定的压强和温度下相互聚集为一种稳定的状态时，就叫做“物质的一种状态”，简称为物态。

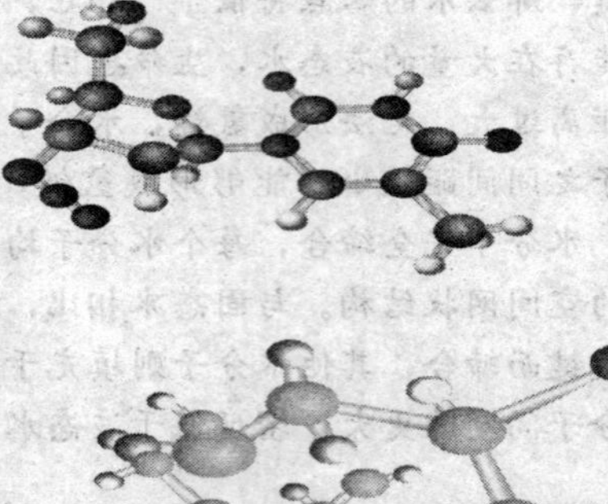
◆分子结构图

以往人们知道的只有固态、液态和气态三种物态，随着科学的发展，在大自然中又发现了多种“物态”。人类迄今知道的“物态”已达10余种之多。从结构上来说，这些状态都是由构成物质的分子或原子的不同集合形态决定的。由于构成物质的分子或原子的运动状态不同，从而使物质呈现出千姿百态。并且随着压强和温度的改变，物态之间还可以相互转变。

日常生活中，最常见的物态是固态、液态和气态，我们这里讲的物态变化，也是讲这三种常见物态之间的变化。

固态

构成物质的粒子之间的距离很小，作用力却很大。粒子在各自的平衡位置附近作无规律的振动。在受到不太大的外力作用时，固体的体积和形状改变很小，能保持一定的体积和形状。

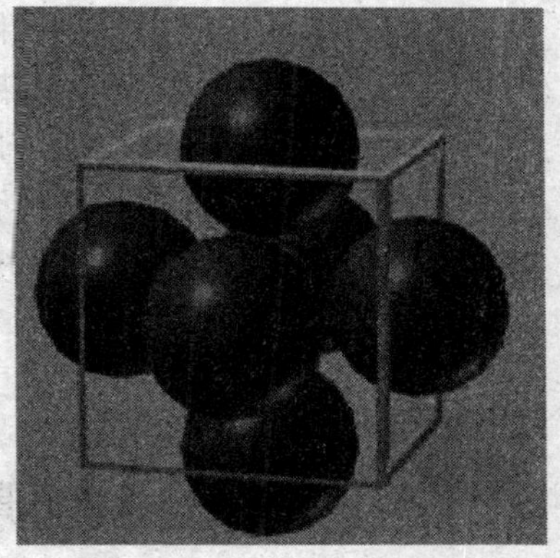

◆NaCl 晶体模型（固态）

在固体中，分子或原子有规则地周期性排列着，就像我们集体做操时，人与人之间都等距离地排列一样。每个人在一特定位置上运动，就像每个分子或原子在各自固定的位置上作振动一样。

液态

液态，从宏观上讲，是指具有一定的体积，不容易被压缩，但没有固定的形状，能够流动的物体。从微观上讲，组成物质的微粒相互间有较强的作用力，分子的排列情况接近于固体，只是它们的有规则排列局限于很小的区域内，而众多的这些小区域之间则是完全无序地聚合在一起。构成液体的分子的运动主要也是在某一平衡位置附近作无规则振动，但振动一小段时间就会挣脱周围分子的束缚而转移到另一个新的平衡位置附近，因此液体具有流动性。

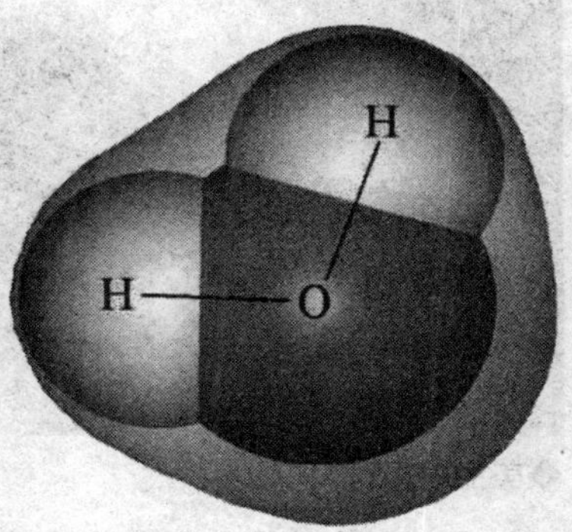

◆水分子结构图

气态

气态，从宏观上讲，是指既没有一定的形状，也没有一定的体积的物体，它总是充满整个容器，很容易被压缩。从微观上讲，气体分子间距很大，它们的相互作用力很小，除了在相互发生碰撞或与器壁发生碰撞以外，气体分子的运动近似地可以看做是匀速直线运动，直到与其他分子或器壁发生碰撞为止，因此气体总是充满整个容器。

◆氨气分子结构图

广角镜——物质的其他形态

◆美丽的极光

等离子态是由克鲁克斯（英国化学家和物理学家）在1879年发现的。它是指物质原子核内的电子在高温下脱离原子核的吸引，形成带负电的自由电子和正离子共存的状态。由于此时正负电荷总数仍然相等，因此叫等离子态（英文：Plasma）。等离子态在宇宙中广泛存在，常被看做“物质的第四态”。

在茫茫宇宙中，等离子体是普遍存在的。太阳及其他许多恒星是极炽热的星球，它们就是等离子体。就是在我们周围也经常可以看到等离子态的物质。如高空的电离层、闪电、极光，流星的尾巴里，还有日光灯和霓虹灯的灯管里等，等离子电视也是我们熟悉的。

当物质所处的压强是大气压的140万倍时，物质的原子就可能被“压碎”。电子全部被“挤出”，形成电子气体，裸露的原子核紧密地排列着，物质密度极大，这就是超固态。一块乒乓球大小的超固态物质，其质量至少在1 000吨以

上。超固态又被称为“物质的第五态”。

随着科学的发展，在大自然中又发现了多种物态。例如液晶态、结晶态、超导态、超流态、金属氢态等。在固体物质中，有的内部微观粒子呈周期性、对称性的规则排列，称为结晶态。一些有机物质，能够流动，又具有某些晶体的光学特性，是介于液态和结晶态之间的状态，称为液晶态。液晶现在对我们已不陌生，它在电子表、计算器、手机、电脑和电视机等的文字和图形显示上得到了广泛的应用。

◆液晶显示屏

大自然中的物质存在的状态远远不只是这几种，随着科学技术的发展，人们将继续探索，未来将有更多的物态被人们发现和利用。

物态的变化

物质由一种状态变为另一种状态的过程，就叫物态变化。

> 加快液体蒸发速度的方法一般有：1. 增加液体的表面积；2. 加快液体表面的空气流动；3. 提高液体的温度；4. 使空气干燥。

液态和气态之间的变化

物质从液态转换为气态，这种现象叫汽化，汽化要吸收热量。汽化有蒸发和沸腾两种方式。蒸发发生在液体表面，可以在任何温度下进行，这一过程往往是缓慢的。沸腾发生在液体表面及内部，必须达到沸点才会发生。当温度达到沸点时，就不会再升高了，但是仍然在吸热，沸腾是剧烈的。物质从气态转换为液态时，这种现象叫液化，是与汽化过程相反的物理变化，液化要放出热量。

液态和固态之间的变化

物质从固态转换为液态时，这种现象叫熔化，熔化要吸收热量。在冬天的时候，雪融化时要比下雪时更冷，这是因为雪融化成水，需要从环境

◆水结成冰

中吸收热量。

物质从液态转换为固态时，这种现象叫凝固，凝固要放热，比如水凝固成冰时会放出热量。

固态和气态之间的变化

物质从固态直接转换为气态，这种现象叫做升华。在日常生活中，有时我们放在柜子里的樟脑丸，经过一段时间不见了，其实这就是樟脑丸升华了。当物质直接从气态转换为固态，这叫凝华，在冬天我们看到美丽的雾凇，就是空气中的水蒸气凝华出现的现象。物质升华需要吸收热量，凝华时需要放出热量。

知识链接——水为什么会在瞬间结成冰?

一般情况下，水的温度达到了0℃时就会结冰的，但水凝结成冰有一个必要条件：必须有凝结核。它可以是微小的冰晶，可以是水中的悬浮物，可以是器皿的壁。如果不具备这一条件，液态水可以较长时间保持在冰点以下而不结冰。

因为水中缺少凝结核，或其他原因，水在0℃以下还保持着液态，这样的水叫过冷水。过冷水很不稳定，只要它们被轻轻地震动一下，过冷水的外部立刻就凝结成冰，但它内部仍暂时保持着液态。这就是“水为什么会在瞬间变成冰”的原因。

如果高空大气中有这样的水滴，对飞机的飞行安全是一个严重挑战。

干 冰

干冰是固态的二氧化碳，在常温和压强为6 079.8pa的压力下，把二氧化碳气体冷凝成液体，然后在低压下使其迅速蒸发，之后凝结成一块块压紧的冰雪状固体物质，其温度是−78.5℃，这便是干冰。

舞台上我们所看到的美丽的烟雾，就是干冰升华所形成的。一般情况

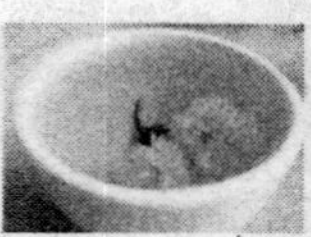

下，我们是见不着液体二氧化碳的，固体二氧化碳是直接升华成为气态的。舞台上的白烟，是固体二氧化碳直接升华造成低温，将空气中的水分冷凝成水雾，这种白烟和大气中的雾是一样的。这叫做“干冰造雾法”。

◆干冰（固态 CO_2）

干冰除了能在舞台上给我们以视觉的美感之外，还有许多功用，现在它已经被广泛应用于各个行业，主要是用来清洗。另外，干冰还有一个重要的用途，就是人工降雨。干冰遇热升华从周围吸收了大量的热量，周围空气的温度降低，空气中的水分子遇冷液化，加上空气中的尘埃等固体物质可作为凝结核就凝结为小水滴，于是就形成了降雨。

原理介绍

干冰造雾法原理

在室温下，将二氧化碳气体加压到约 101 325pa 时，当部分蒸气被冷却到－56℃左右时，就会凝华成雪花状的固态二氧化碳。固态二氧化碳的气化热很大，在－60℃时为 364.5J/g，在常压下气化时可使周围温度降到－78℃左右，并且不会产生液体。

知识库——干冰的历史

关于干冰的历史可以追溯到 1823 年英国的两位叫法拉地和笛彼的人，他们首次液化了二氧化碳，其后的 1834 年，德国的奇络列成功地制出了固体二氧化碳。但是当时只是限于研究使用，并没有被普遍使用。干冰被成功地应用于工业性大量生产是在 1925 年美国设立的干冰股份有限公司。当时将制成的成品命名为干冰，现在已经将它视为普通名词，其正式的名称叫固体二氧化碳。1928 年，日本从干冰股份有限公司得到了制造销售权，成立了日本干冰株式会社，也就是现在的昭和碳酸株式会社的前身。

1. 一切物质都由粒子构成，在日常生活中能找出例子来说明构成物质的粒子在永不停歇地运动的吗？

2. 加快蒸发的方法有很多，还能找出一些生活中的事例来说明吗？

大地的甘霖——雨露

◆雨水滋养着

“随风潜入夜，润物细无声。”春雨像魔术师，落在草上，草就变绿了；落在花上，花开了；春雨给大地带来了生机。夏天的雨，常来势凶猛，下得酣畅淋漓。秋天的雨，下得绵长，给人增加了些许的忧愁。冬天的雨，使寒冷的冬季更加的寒冷。雨，千姿百态，风情万种，它随季节变换不断改变着自己的姿态。

露珠是大地的甘霖，它悄悄地降临于每一朵即将绽开的花朵上，每一棵葱绿的碧草上，那是上天对万物的恩泽，它默默地滋养着万物。

关于“露”

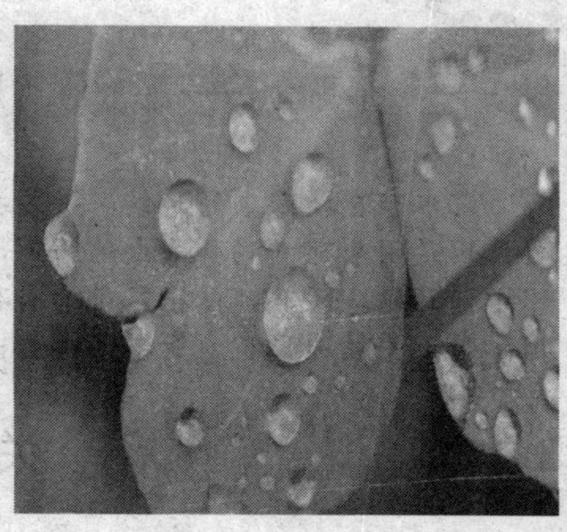
◆晶莹的露珠

晴朗无云的夜间，地面热量散失很快，地面气温迅速下降，温度比空气低。当较热的空气碰到地面温度较低的物体时，便会发生饱和而凝结成小水珠留在这些物体上面，这就是我们看到的露水。自亚里斯多德时代以来直至大约18世纪，人们还一直认为露水是从天而降，就像雨水一样，现在我们知道，其实露水根本不是从天空落下来的！

露水四季都有，但秋季特别多。露

水需在大气较稳定，风小，天空晴朗少云，地面热量散失快的天气条件下才能形成。如果夜间天空有云，地面就像盖上一条棉被，热量碰到云层后，一部分折射回大地，另一部分则被云层吸收，被云层吸收的这部分热量，以后又会慢慢地放射到地面，使地面的气温不容易下降，露水就难出现；如果夜间风较大，风使上下空气流通，增加近地面空气的温度，又使水汽消散，露水也很难形成。

露水对农作物生长很有利。特别是在炎热的夏天，白天的时候，农作物的光合作用很强，会蒸发掉大量的水分，发生枯萎。但是到了夜间，由于露水的供应，又使农作物恢复了生机。此外，露水还有利于田间的作物对已积累的有机物进行转化和运输。

知识库——“白露”节气

白露节气又称“雨水节气”。露是由于温度降低，水汽在地面或近地物体上凝结而成的水珠。所以，白露实际上是表征天气已经转凉。在二十四节气中，白露有着气温迅速下降、绵雨开始、日照骤减的明显特点，深刻地反映出由夏到秋的季节转换。

“滥了白露，天天走溜路”的农谚，虽然不能以白露这一天是否有雨水来作天气预测，但是，一般白露节前后确实常有一段连续的阴雨天气。

充分认识白露节气的气候特点，并且采取相应的农技措施，抓住作物生长的有利时机，才能避免不必要的损失。

小贴士——露水的药用价值

露水可在秋露重的时候，早晨去花草间收取。露水性味为甘、平、无毒，主要作用是用来煎煮润肺杀虫的药剂，或把治疗疥癣、虫癞的散剂调成外敷药，可以增强疗效。还有，白花露对消渴有益；百花露能令皮肤健好；柏叶露、菖蒲露用于每天早晨洗眼睛，能增强视力；用韭叶露于每天早晨涂患处，能治白癜风。

关于“雨”

由液态水滴（包括过冷却水滴）所组成的云体称为水成云。在水成云内，如果具备了使云滴增大为雨滴的条件，并使雨滴具有一定的下降速度，这时降落下来的就是“雨”。而由冰晶组成的云体称为冰成云，由水滴（主要是过冷却水滴）和冰晶共同组成的云体称为混合云。从冰成云或混合云中降下的冰晶或雪花，下落到0℃以上的大气层内，融化以后也成为雨滴下落到地面，从而形成降雨。

广角镜——“雨水”节气

◆美丽的雨

雨和我们的生产生活有着密切的关系，这首先要从每年的“雨水”节气说起了。雨水节气是二十四节气之一，在每年公历的2月18日前后。雨水，表示两层意思，一是天气回暖，降水量逐渐增多了；二是在降水形式上，雪渐少了，雨渐多了。我国古代将雨水分为三候：“一候獭祭鱼；二候鸿雁来；三候草木萌动。”此节气，水獭开始捕鱼了，将鱼摆在岸边如同先祭后食的样子；五天过后，大雁开始从南方飞回北方；再过五天，在“润物细无声”的春雨中，草木开始抽出嫩芽。从此，大地渐渐开始呈现出一派欣欣向荣的景象。

动手做一做

每年雨水节气的推算

公式解读：年数的后2位乘以0.242 2加C值18.74取整数减闰年数。21世纪雨水的C值18.73。

举例说明：2008年雨水日期＝［8×0.242 2＋18.73］－［(8－1)/4］＝20－1＝19，2月19日为雨水。

例外：计算得出的2026年雨水日期应调减一天为18日。

雨水节气，天气变化不定，是全年寒潮出现最多的时节之一，忽冷忽热，乍暖还寒的天气对已萌芽和返青生长的作物、林、果等生长及人们的健康危害很大，所以要注意做好农作物、大棚蔬菜以及工交部门防寒防冻工作。雨水节气过后，气温开始回升，湿度逐渐升高，但冷空气活动仍较频繁，所以早晚仍然较冷。因此，在这个时候，养生保健最关键的就是保护好中焦脾胃，注意保温。

人工降雨

◆飞机进行人工降雨

我们知道自然降水的产生，不仅需要一定的宏观天气条件，还需要满足云中的微物理条件，当这些条件不具备时，运用云和降水物理学原理，通过向云中撒播催化剂（干冰或碘化银等），使云滴或冰晶增大到一定程度，降落到地面，这就是“人工降雨”，又称“人工增雨”。其原理是通过撒播催化剂，影响云的微物理过程，使在一定条件下本来不能自然降水的云受激发而产生降水；也可使本来能自然降水的云，提高降水效率，增加降水量。

◆高射炮进行人工降雨

人工降雨有空中、地面作业两种方法。空中作业是用飞机在云中播撒催化剂。地面作业是利用高炮、火箭从地面上发射。炮弹在云中爆炸，把炮弹中的碘化银燃成烟剂撒在云中。火箭在到达云中高度以后，碘化银剂开始点燃，随着火箭的飞行，沿途拉烟播撒。飞机作业一般选择稳定性天气，才能确保安全。一般高炮、火箭作业较为广泛。人工降雨要在云中富含水汽情况下进行。

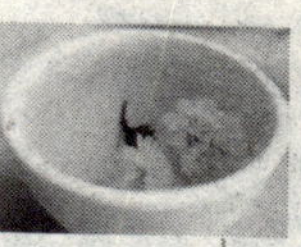

友情提醒——人们对“人工降雨”的担心

在干旱缺水的时候，人工降雨会给我们送来渴望的雨水，但有人会担心利用人工降雨会对人产生危害。人工降雨的原理是让积雨云中的水滴体积变大掉落下来，碘化银和干冰在高空中扩散，成为云中水滴的凝聚核，水滴在其周围迅速凝聚并达到一定体积后降落。和巨量的水滴相比，升上高空的碘化银只是沧海一粟，所以，在此情况下，人们绝不会感觉到碘化银的存在。此外，炮弹弹片在高空爆炸后会化成不足30克，甚至只有两三克的碎屑降落到地面，其所落区域都是在此之前经实验测算好了的无人区，不会对人体造成伤害。同时，人工降雨已有一段历史，技术较为成熟，所以对人工降雨人们不必心存疑虑。

名人介绍——美国化学家兼物理学家——兰茂尔

1932年诺贝尔化学奖得主、美国化学家兼物理学家兰茂尔，一生进行过许多有益的研究，但他在科学上实现的最大突破还是人工降雨。在获得诺贝尔奖后，他就和化学家射弗等人共同进行了人工降雨的研究。在他的研究室里保存着小小的人工云，它就是充斥在电冰箱里的水蒸气。兰茂尔一边降低冰箱里的温度，一边加入各种尘埃微粒进行降雨实验。

◆人工降雨

1946年7月的一天，天气异常炎热，由于实验装置出了故障，装有人工云的电冰箱里的温度一直降不下来，兰茂尔只好临时用固态二氧化碳（干冰）来降温。当他把一块干冰放进冰箱里，这时，奇迹出现了：水蒸气立即变成了许多小冰粒，在冰箱里盘旋飞舞，人工云化为了霏霏飘雪。这一奇特现象使他明白尘埃微粒对降雨并非绝对必要，只要将温度降到零下4摄氏度以下，水蒸气就会变成冰而降落下来。接着便出现了振奋人心的一幕：1946年的一天，一架飞机在云海上飞行，兰茂尔和射弗将干冰撒播在云层里，30分钟后就开始了降雨。第一次真正的人工降雨获得了成功。后来，美国通用电气公司的本加特又对兰茂尔的人工降雨方法进行了改良，他用碘化银微粒取代干冰，使人工降雨更加简便易行。兰茂尔在1957年去世前，终于满意地看到人工降雨已发展成为一项大规模的事业。人工降雨的发明，标志着气象科学发展到了一个新的水平。

关于“酸雨”

◆工厂燃烧化石燃料排放物

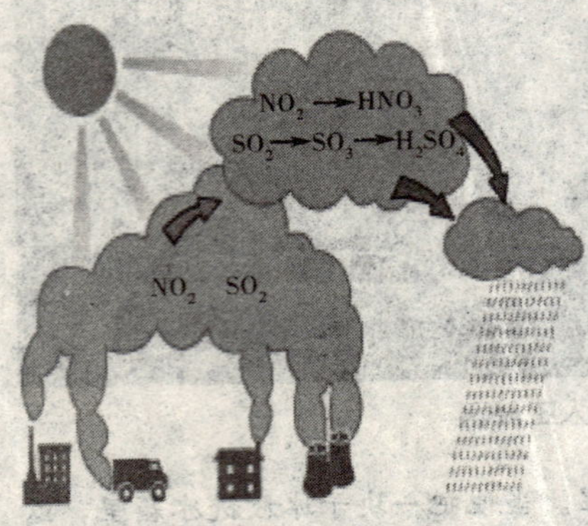

◆酸雨的形成过程

酸雨又被称为“空中死神”，通常是指pH值低于5.6的酸性降水，是当前全球主要环境问题之一。

酸雨是工业高度发展而出现的副产物，由于人类大量使用煤、石油、天然气等化石燃料，燃烧后产生的硫氧化物或氮氧化物，在大气中经过复杂的化学反应，经过“云内成雨过程”，即水汽凝结在硫酸根、硝酸根等凝结核上，发生液相氧化反应，形成硫酸雨滴和硝酸雨滴；又经过“云下冲刷过程”，即含酸雨滴在下降过程中不断合并吸附、冲刷其他含酸雨滴和含酸气体，形成较大雨滴，最后降落在地面上，形成了酸雨。

酸雨可使农作物大幅度减产，在酸雨的作用下，土壤中的营养元素会释放出来，并随着雨水被淋溶掉，所以长期的酸雨会使土壤中大量的营养元素流失，造成土壤中营养元素严重不足，变得贫瘠。酸雨可抑制某些土壤微生物的繁殖，降低酶活性，土壤中的固氮菌、细菌和放线菌均会明显受到酸雨的抑制。酸雨还会危害水生生物，它使许多河流、湖泊的水质酸

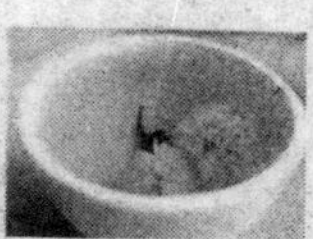

化，导致许多对酸敏感的水生生物物种的灭绝，湖泊失去生态机能，最后变成死湖。

此外，酸雨还会影响人和动物的身体健康。它能溶解存在于土壤、岩石中的金属元素，流入河川或湖泊，最终经过食物链进入人体。酸雨会刺激人的眼、咽喉和皮肤，引起结膜炎、咽喉炎、皮炎等病症。更为严重的是酸雨还会腐蚀建筑，世界上许多古建筑和石雕艺术品都遭到了酸雨腐蚀而严重损坏，如我国的乐山大佛、加拿大的议会大厦等。北京卢沟桥的石狮和附近的石碑，五塔寺的金刚宝塔等均遭酸雨侵蚀而严重损坏。

◆被酸雨腐蚀的雕塑

我国是继欧洲、北美洲之后的世界第三大重酸雨区，所以我们必须采取有效措施减少酸雨的发生。酸雨的防治应该控制高硫煤的使用，同时采取有效措施发展脱硫技术，推广清洁能源技术。在酸雨的防治过程中，生物防治可作为一种辅助手段。在污染重的地区可栽种一些对二氧化硫有吸收能力的植物，如垂山楂、洋槐、云杉、桃树、侧柏等。

1. 你知道什么是“雨养农业”吗？

2. 搜集资料，看看减少酸雨发生的措施还有哪些？我们可以做点什么？

3. 查阅资料，学习我国农历的二十四节气时间及每个节气和农业生产的关系。

水的故事

玉骨冰肌谁可匹，傲雪凌霜夺第一——霜雪

◆美丽的雪景

在深秋初冬的早晨，我们一觉醒来，常常会看见透明的玻璃窗上开满了形状各异的霜花，也会发现屋顶和光秃秃的树枝上有一层闪闪发亮的冰晶，那就是霜。

而在某一天清晨醒来，突然发现窗外是一片银色的世界，我们肯定会欢呼雀跃。

我们在赞美霜雪的美丽的时候，也在感叹，大自然为什么会如此奇妙呢？带着好奇，让我们一起去探个究竟吧。

关于“霜”

◆霜叶红似二月花

霜和雪是水在一定的条件下所呈现出的不同状态。它们都是水，却又为什么如此不同呢？它们和水到底有什么样的联系呢？

当物体表面的温度很低，而物体表面附近的空气温度却比较高，那么在空气和物体表面之间有一个温度差，如果温度差主要是由物体表面辐射冷却造成的，则当较暖的空气和较冷的物体表面相接触时，空气就会冷却，达到水汽过

◆晶莹剔透的霜

饱和的时候多余的水汽就会析出。如果温度在0℃以下，则多余的水汽就在物体表面上凝华为冰晶，这就是霜。

霜的出现是需要一定条件的。不仅和附着物体的属性有关，而且还和当时的天气条件有关。云对地面物体夜间的辐射冷却是有妨碍的，所以天空有云不利于霜的形成，因此，霜大都出现在晴朗的夜晚，也就是地面辐射冷却强烈的时候。此外，风对于霜的形成也有影响。有微风的时候，空气缓慢地流过冷物体表面，不断地供应着水汽，有利于霜的形成。但是，风大的时候，由于空气流动得很快，接触冷物体表面的时间太短，同时风大的时候，上下层的空气容易互相混合，不利于温度降低，从而也会妨碍霜的形成。

讲解——什么是“霜降杀百草”?

“霜降杀百草”，即严霜打过的植物，一点生机都没有了。这是因为植物体内的液体，因霜冻结成冰晶，蛋白质沉淀，细胞内的水分外渗，使原生质严重脱水而变质。“风刀霜剑严相逼”说明霜是无情的、残酷的。其实，霜和霜冻虽形影相连，但危害庄稼的是“冻”不是“霜”。霜不但不会危害庄稼，相反，水汽凝华时，还可放出大量的热量，可免除冻害。与其说“霜降杀百草”，不如说“霜冻杀百草”。霜是天冷的表现，冻才是杀害庄稼的敌人。所以，明白了“真正的杀手”，我们才能采取有效措施。

霜降节气

《三十四节气解》中说：“气肃而霜降，阴始凝也。”可见“霜降”表示天气逐渐变冷，开始降霜。霜降一般是在每年公历的10月23日前后。

我国古代将霜降分为三候：“一候豺乃祭兽；二候草木黄落；三候蛰

虫咸俯。”此节气中豺狼将捕获的猎物先陈列后再食用；大地上的树叶枯黄掉落；蛰虫也全在洞中不动不食，垂下头来进入冬眠状态中。

在气象学上，一般把秋季第一次出现的霜叫做“早霜”或“初霜”，而把春季最后一次出现的霜称为“晚霜”或“终霜”。从终霜到初霜的间隔时期，就是无霜期。也有把早霜叫“菊花霜”的，因为此时菊花盛开，大诗人白居易有诗曰：“满园花菊郁金黄，中有孤丛色似霜”。

霜降节气之后，天气渐冷，温度迅速下降，开始进入冬季，大家要注意添衣保暖。此外，霜降还是“进补”的大好时节，谚语有“补冬不如补霜降”的说法，以保暖润燥健脾养胃为主。

知识链接

二十四节气诗

地球绕着太阳转，绕完一圈是一年。一年分成十二月，二十四节紧相连。按照公历来推算，每月两气不改变。上半年是6、21，下半年逢8、23。这些就是交节日，有差不过一两天。二十四节有先后，下列口诀记心间：一月小寒接大寒，二月立春雨水连；惊蛰春分在三月，清明谷雨四月天；五月立夏和小满，六月芒种夏至连；七月大暑和小暑，立秋处暑八月间；九月白露接秋分，寒露霜降十月全；立冬小雪十一月，大雪冬至迎新年。抓紧季节忙生产，种收及时保丰年。

关于“雪”

提到雪，顿时在脑海中出现了毛泽东在《沁园春·雪》中所描绘的“北国风光，千里冰封，万里雪飘”那种壮美的景象，同时也能感受伟人那种豪迈的情怀，雪给我们带来了美的享受。对于雪的存在，人们并不陌生，但是美丽的雪是如何形成的也许人们并不熟悉。

云是由许多小水滴和小冰晶组成的，雪花是由这些小水滴和小冰晶增长变大而成的。但是水滴和冰晶要长大到一定程度才能形成雪花，降落到地面。降雪的一个必不可少的天气条件是：天空要有云，最有利于这些水滴和冰晶增长的云是混合云。混合云是由小冰晶和过冷却水滴共同组成

的。当一团空气对于冰晶已经达到饱和的时候，这时云中的水汽向冰晶表面上凝华，在这种情况下，冰晶增长得很快。另外，过冷却水是很不稳定的，一碰它，它就要冻结起来。所以，在混合云里，当过冷却水滴和冰晶相碰撞的时候，就会冻结粘附在冰晶表面上，使它迅速增大。当小冰晶增大到能够克服空气的阻力时，便落到地面，这就形成降雪。降雪有两个必备条件：一个是空气中水汽饱和，另一个是必须有一定的物质作为凝结核。

◆千里冰封　万里雪飘

讲解——美丽的雪花是怎样形成的?

对于雪的形成，我们已有了更深的认识，接着让我们来探究一下让最伟大的雕刻家也赞叹不已的雪花吧。

韩婴在《韩诗外传》中写道："凡草木花多五出，雪花独六出。"雪花大都是六角形的，雪是由云中的小冰晶在一定条件下形成的。小冰晶主要有两种形状：一种是六棱体状；另一种是六角形的薄片状。

◆形状各异的雪花

如果冰晶周围的空气过饱和的程度比较低，冰晶便增长得很慢，并且各边都在均匀地增长。那么当它增大到下降时，仍然保持着原来的样子，分别呈现为柱状、针状和片状。如果冰晶周围的空气呈高度过饱和状态，那么冰晶在增长过程中不仅体积会增大，而且形状也会变化，最常见的是由片状变为星状。此外，雪在下落的过程中，也会随着环境不断地改变形状。

小资料——关于“大雪”和“小雪”节气

◆植物盖着“雪被”

“小雪”是二十四节气的第20个节气，大概在每年的公历11月22日或23日。这个时候天气逐渐变冷，很多地方开始下雪，但降雪量很小。古籍《群芳谱》中说：“小雪气寒而将雪矣，地寒未甚而雪未大也。”这就是说，到“小雪”节气，由于天气寒冷，降水形式由雨变为雪，但此时由于“地寒未甚”故雪量还不大，所以称为小雪。

“大雪”节气在每年的公历12月7日或8日。大雪节气之后，天气更加寒冷，降雪的可能性比小雪节气时更大，正如《月令七十二候集解》上所说的：“至此而雪盛也。”

人们常说“今冬麦盖三层被，来年枕着馒头睡”，这种说法有什么道理呢？因为，严冬积雪覆盖大地，可保持地面及作物周围的温度不会降得很低，对农作物起到保暖作用，为冬作物创造了良好的越冬环境。积雪融化时又增加了土壤水分含量，可供作物春季生长的需要。另外，雪水中氮化物的含量是普通雨水的5倍，还有一定的肥田作用。

人工降雪

天上的水汽要形成降雪，还需要具备一定的条件。一个是必须有一定的水汽饱和度（主要与温度有关），另一个是必须有凝结核。此外，降雪的首要天气条件就是天空中一定要有云，能下雪的云是“冷云”。在冷云里，既有水汽液化的小水滴，也有水汽凝华的小雪晶。

◆人工降雪

但它们都很小很轻，倘若不存

在继续生长的条件，它们只能像烟雾尘埃一样悬浮在空中，很难落下来。这就是为什么我们在冬天里经常能看到大块大块的云彩，就是不见雪花飘下来的原因。因为组成这些云彩的雪晶太小，克服不了空气的阻力，所以就不能形成降雪。如果在云层里喷撒一些微粒物质，促进雪晶很快地增长到能够克服空气的阻力而降落下来，这就是“人工降雪”。

广角镜——人工造雪

◆人工造雪

人工造雪是在气温低于或等于零度时，把高压气体和水一起喷向空中，高压气体膨胀吸热，把水结冰成为雪花降下来，它不受气象条件影响。人工造雪的应用领域很广泛，例如：电影制作者经常要花几个月的时间来拍摄只在几天内发生的场景。如果电影情节在一个下雪的背景中展开，布景师则需要为每天的拍摄布置合适的雪量，这时，人工造雪就派上用场了。人造雪在农业生产中同样占有一席之地。一层覆盖良好的雪会阻止土地的热量大量散发到空气中，因此农民经常利用雪作为冬季农作物的保温层。即使温度降至摄氏零度，隔离效应也能保证农作物不会被冻坏。人造雪的另一个用途是测试飞行器设备。由于飞机在大气中飞得很高，它们必须能够承受寒冷且多雪的天气条件。飞机设计师们利用制雪机来测试飞机设备在这些条件下的性能。

拓展思考

1. 雪为什么是白色的?
2. 雪花为什么大多是六个角? 有机会观察一下吧!
3. 霜是从天上落下来的吗?
4. 霜和雪形成的物理过程一样吗? 你能分别解释一下吗?

薄如纱，轻似梦——雾

◆被雾笼罩的大山

“雾里看花，水中望月，你能分辨这变幻莫测的世界……”，雾的存在总给人一种朦胧的、亦真亦幻的美感，给很多事物增添了些许神秘的色彩。被雾笼罩的大山，显得更加秀丽多姿，充满神韵；月光下的水面，如果多了一层薄雾笼罩，会给人一种梦幻般的感觉，使人充满无限的遐想。

带着雾给人们的那种神秘感的好奇，我们一起去撩开它的神秘面纱吧！

神奇的雾

雾，对于我们再熟悉不过。但是，越是熟悉的事物，越容易被人们所忽视，因为人们好像已经习惯了它的存在。在此，我们就要去研究一下这个我们熟悉但可能被忽视的事物——雾。

◆薄雾笼罩的水面

当在水汽充足、风不大及大气层稳定的天气状况下，如果接近地面的空气冷却至某种程度时，空气中的水汽便会凝结成细微的水滴悬浮于空中，使地面水平的能见度下降，这种天气现象称为雾。

雾的形成需要满足一定的天气条件，一是冷却，二是加湿，增加空气中水汽的含量。在初春和深秋时节，白天温度比较高，空气中可容纳较多的水汽。但是到了夜间，温度下降了，空气中能容纳的水汽的能力减少了，因此，一部分水汽会凝结成为雾。

◆雾正在悄悄消散

特别在秋冬季节，由于夜长，而且出现无云风小的机会较多，地面散热较夏天更迅速，致使地面温度急剧下降，这样就使得近地面空气中的水汽，容易在后半夜到早晨达到饱和而凝结成小水珠，形成雾。秋冬的清晨气温最低，那时便是雾最浓的时刻。

雾的出现依赖于一定的条件，如果条件不存在了，雾自然也就消散了。雾消散的原因主要有两个：一个是由于增温，雾滴蒸发；二是风速增大，将雾吹散或抬升成云，雾也会很快消失的。雾的持续时间长短，主要和当地气候干湿有关。一般来说，干旱地区多短雾，多在 1 小时以内消散；潮湿地区则以长雾最多见，可持续 6 小时左右。

讲解——雾的种类

雾本来就变幻莫测，但不同条件下形成的雾的特点不同，我们又可以把雾分为很多类，例如：平流雾、蒸发雾、辐射雾、谷雾等等。

◆水面上的蒸发雾

在冷空气流经温暖水面时，如果气温与水温相差很大，水面蒸发大量的水汽，会与水面附近的冷空气发生水汽凝结，从而形成的雾就是蒸发雾。这时雾层上往往有逆温层存在，否则对流会使雾消散。蒸发雾范围小，强度弱，一般发生在下半年的水塘

◆美丽的平流雾

周围。

在日落后地面的热气辐射至大气层里，冷却后的地面冷凝了附近的空气。而潮湿的空气温度便会因此降至露点以下，并形成无数悬浮于空气里的小水点，这便是辐射雾。它主要出现在秋天或冬天的清晨，天晴且风弱时，在日出后不久或风速加快后便会自然消散。在晴朗、微风、近地面水汽比较充沛且比较稳定或有逆温层存在的夜间和清晨也常会出现。

暖而湿的空气作水平运动，经过寒冷的地面或水面，逐渐冷却而形成的雾，气象上叫平流雾。

雾的种类还有很多，在以后的学习和生活中，我们将会慢慢地去了解。

看雾识天气

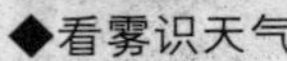
◆看雾识天气

雾是千变万化，纷繁复杂的，不同种类的雾又各具特色，并且不同种类雾的出现和天气条件密切相关，我们只要准确把握它们的特征，仔细观察，一定能从雾中找到天气变化的蛛丝马迹。这对我们的生产生活有重要的意义。

雾与未来天气的变化有着密切的关系。自古以来，我国劳动人民就认识这个道理了，并反映在许多民间谚语里。如：“黄梅有雾，摇船不问路。”这是说春夏之交的雾是雨的先兆。

要想通过雾来准确地判断天气情况，还必须看雾持续的时间。辐射雾是由于天气受冷，水汽凝结而成，所以白天温度一升高，就烟消云散，天气晴好；如果雾不散，说明有雨。正如谚语所说：“大雾不过晌，过晌听雨响。”

雾出现在不同的季节，对天气的预测也不同。秋冬季节，北方的冷空气南下后，随着天气转晴和太阳的照射，空气中的水分含量逐渐增多，容易形成辐射雾，所以，在秋冬的雾能预报明天的好天气。但春夏季节的雾便不同了，它大多来自海上的暖湿空气流，碰到较冷的地面，下层空气也变冷，水汽就凝结成雾了，这种雾叫平流雾。平流雾是海上的暖湿空气侵入大陆，突然遇冷而形成的。这些暖湿气流与大陆的干冷空气相遇，自然就阴雨绵绵了。所以春夏雾预示着天气阴雨。

雾与天气变化关系密切，怎样才能准确地看雾识天，还需要我们学习更多关于雾的知识，在日常生活中注意观察，多积累经验才能做到。

广角镜——雾对生活的影响

雾的出现，使空气的能见度降低，给我们的交通运输带来不利影响。同时，雾的出现还会影响我们的健康，这往往不被人们注意。

雾其实是空气中的小水珠附在空气中的灰尘上形成的，所以雾一多就表示空气中灰尘变多，人们经呼吸道吸进去以后，就会对喉咙、眼睛造成影响。此外，雾很浓的时候，空气中水汽含量非常高，如果人们在户外活动和运动的话，人体的汗就不容易排出，造成胸闷、血压升高。

◆有雾的天气影响飞机的起飞

所以专家提醒，大雾天气人们要减少户外活动时间，在户外时最好戴上口罩。总之，雾天锻炼身体，对身体造成的损伤远比锻炼的好处大。因此，雾天不宜锻炼身体。

雾 凇

◆美丽的雾凇

雾凇俗称树挂，在北方常见，是北方冬季可以见到的一种类似霜降的自然现象，是一种冰雪美景。由于雾中无数零摄氏度以下而尚未结冰的雾滴随风在树枝等物体上不断积聚冻结的结果，雾就表现为白色不透明的粒状结构沉积物。雾凇现象在我国北方是很普遍的，在南方高山地区也很常见，只要雾中有过冷却水滴，并达到一定温度就可形成。

雾凇是一种美丽的自然景色，但是它有时也会成为一种自然灾害。严重的雾凇有时会将电线、树木压断，造成损失。

知识链接——雾凇的分类

◆软雾凇

雾凇分为两种，硬凇和软凇。硬凇是由于空气和地面物体之间存在着温度差而形成的。但是，形成硬凇的温度差是由天气变暖而引起的，而形成霜、露的温度差却是由于地面物体辐射冷却所引起的。所以，它们所反映的天气条件不同，附着的物体也不尽相同，它们是不同的天气现象。软雾凇是一种白色沉积物，水珠在半冷冻雾或薄雾冻结的外表面凝结，多在无风或微风状况下形成。软雾凇通常可见于结冰树枝的迎风面、电线或其他固态物品上。软雾凇在表面上与灰白色的霜相似，然而软雾凇是由水

蒸气冷凝成液态水滴后在一个表面上形成的。

自然景观

吉林雾凇

吉林雾凇仪态万方、独具丰韵的奇观，让络绎不绝的中外游客赞不绝口。吉林雾凇正迎合了时下非常流行的一句话："我美丽、我健康！"

◆吉林雾凇

每当雾凇来临，吉林市松花江岸十里长堤"忽如一夜春风来，千树万树梨花开"，柳树结银花，松树绽银菊，把人们带进如诗如画的仙境。时任江泽民总书记1991年在吉林市视察期间恰逢雾凇奇景，欣然秉笔，写下"寒江雪柳，玉树琼花，吉林树挂，名不虚传"之句。1998年他又赋诗曰："寒江雪柳日新晴，玉树琼花满目春。历尽天华成此景，人间万事出艰辛。"

松花江雾凇岛

早听说过吉林雾凇与桂林山水、云南石林、长江三峡同称为中国四大自然奇观，而松花江的雾凇岛也是一个美丽的奇观。沿着松花江的堤岸望去，看到一道神奇而美丽的风景线：松柳凝霜挂雪，戴玉披银，如朵朵白云，排排雪浪，十分壮观。它离吉林市仅40千米，这里的雾凇岛因雾凇多且美丽而更加出名。其地势较吉林市区低，又有江水环抱。冷热空气在这

◆松花江雾凇岛

里相交，冬季里几乎天天有雾凇，有时一连几天也不掉落。岛上的曾通屯是欣赏雾凇最好的去处，曾有“赏雾凇，到曾通”之说。这里树形奇特，沿江的垂柳挂满了洁白晶莹的霜花，江风吹拂银丝闪烁，天地白茫茫一片，犹如被尘世遗忘的仙境。远处，一行白鹭划过丛林，留下静寥的天空。

伊春库尔滨雾凇

◆伊春库尔滨雾凇

“寒江晓雾，正冰天，树树凇花云叠。昨夜飞琼千万缕，谁剪条条晴雪？冰羽晶莹，霓裳窈窕，欲舞高寒阙。烟波照影，翩翩思与谁约?”黑龙江伊春库尔滨河流域的雾凇正舒展身姿，静候全国各地的摄影爱好者。

库尔滨河位于黑龙江省黑河市行政管辖区和伊春市红星林业局（红星区）林业施工区的交叉地带，河水常年不冻，形成了浓浓的雾气，和冷空气融合交锋，便形成了壮观的仿若童话世界的雾凇奇景。库尔滨雾凇形成的周期长，可达 4 个月之久，雾凇每天的停留时间多达 10 小时。库尔滨水电站下游沿岸长达 15 千米的雾凇林，面积达到 300 平方千米，乍一看去，雪野无垠，银装素裹，胜似仙境！

1. 雾和霾有什么不同？知道“霾”是怎么形成的吗？

2. 人们常说“烟雾”，“烟”和“雾”是一回事吗？

3. 有很多大山上，经常可以看到山顶上烟雾缭绕，那到底是雾还是云呢？

自造“人间仙境”——人工造雾

雾，是大自然的一种天气现象，它的出现依赖一定的条件：一是冷却，二是加湿，增加空气中水汽的含量。当条件满足时，美丽的雾就会出现。

人类是充满智慧和善于思考的，这节我们将探讨我们怎样去创造条件，进行“人造雾”。

◆人造雾使景色更美

人造雾简介

人造雾的造雾原理是创造形成雾的条件。人造雾作为一种景观，主要考虑以制造出清新空气，模拟荒野山谷中的自然雾气为主，兼作降温、加湿和除尘之用。所以要求雾的颗粒比较小，以5～10微米为宜。

◆人造雾

原理介绍——“人造雾”原理

人工造雾时，雾化喷头是必不可少的装置，它是通过高压力的冷却蒸发式喷头，由它形成的水珠直径仅为10微米，因此它可以很快地蒸发，并带走热量。高温时节快速蒸发的水珠可以使周围环境在几秒钟内下降3℃～7℃左右，同时喷头可以在周围形成一层轻纱状的云雾。

人造雾的应用

人造雾在能够吸收空气中大量的热量，经科学统计，每使用一千克的水激发成浮游状态的人造雾，相当于溶解 7 千克的冰。水从液态变成气态，需要吸收热量，从而达到降低空气温度的目的。人工造雾技术问世以来，以其经济、高效、方便的特色，迅速在各个行业中广泛地得到了使用。在工业、农业、商业及园林栽培、畜牧养殖、环境保护、生态景观等领域内，人造雾技术正逐渐发挥着越来越大的作用。

广角镜——人造雾的应用范围

◆人工造雾使景色更美

◆人造雾用于大棚蔬菜的种植

1. 用于旅游景点

它可使您如临深山，回归自然，如入仙境，提高人文及自然景观的造景效果，起到画龙点睛的作用。景观雾化能极大地增加空气中负氧离子的含量，无蚊蝇叮扰，极大地营造和改进了人类生存和居住环境。

2. 用于园艺花卉蔬果等的种植

人造雾可以用于热带植物园、温室花卉、蔬菜大棚、果园苗圃、菌类及种苗培养等，用来加湿、降温、喷药、施肥，可以使肥药均匀，并且可以节省三分之一的药量，事半功倍。

3. 用于环保消毒

人造雾可用于垃圾处理场所灭菌杀毒、开放式公共场所驱蚊蝇、户外防爆除尘、卫生间除臭、传染病防疫区消毒等。

4. 用于工厂企业领域

人造雾还可用在冶炼、锻造等高温车间降温、除尘；造纸、纺织等厂房用来增湿、除尘、除静电；化工、木材车间用来除臭、防腐；加油站、电子机房用它来加湿、除静电等等。

人间冷暖它自知——温度计

柳树绿了，花儿开了，春天的脚步近了；“小荷才露尖尖角”，夏天已经来了；黄叶飘落，大雁南飞，预示着秋天的临近；当寒梅开放，雪花纷飞的时候，隆冬已经到来。四季的变化，我们除了通过视觉听觉感觉它的变化之外，还有就是我们可能并不太关注的温度。温度时刻在提醒着我们气候和季节的变化。

◆小荷才露尖尖角

温度有什么神奇的威力呢？我们又通过什么能够准确地感知温度的存在呢？在这里，我们先来认识“温度”，再来看看各种各样的温度计。

温 度

温度是表示物体冷热程度的物理量。我们知道，一切物质都是由分子构成的，所以从微观上来讲，温度是表示构成物质分子热运动的剧烈程度。从分子运动论观点看，温度是物体分子平均平动动能的标志。此外，温度是大量分子热运动的集体表现，具有统计意义。对于个别分子来说，温度是没有意义的。

◆卡通造型的温度计

温度只能通过测量物体随温度变化

的某些特性来间接测量，而用来量度物体温度数值的标尺叫温标。它规定了温度的读数起点（零点）和测量温度的基本单位。目前，国际上用得较多的温标有：华氏温标（℉）、摄氏温标（℃）、热力学温标（K）、国际实用温标。包括我国在内的世界上很多国家都使用摄氏温标，美国和其他一些英语国家则多使用华氏温标而较少使用摄氏温标。

讲解——摄氏温标和华氏温标

华氏度是以其发明者加布力尔·D·法勒海特（Gabriel D. Fahrenheit）的名字来命名的，其冰点温度是31℉，沸点温度为212℉。1714年，德国人法勒海特（Fahrenheit）以水银为测温介质，制成玻璃水银温度计，并以氯化铵和冰水的混合物的温度为温度计的零度，把水银温度计从0到100按水银的体积膨胀距离分成100等分，每一份为1华氏度，记作“1℉”。

摄氏度的发明者是安德斯·摄尔修斯（Anders Celsius），其结冰点是0℃，沸点为100℃。1740年，瑞典人摄氏（Celsius）提出在标准大气压下，把冰水混合物的温度规定为0摄氏度，水的沸腾温度规定为100摄氏度。根据水的这两个固定温度点来对玻璃水银温度计进行分度。两点间作100等分，每一份称为1摄氏度，记作“1℃”。

摄氏温度和华氏温度的关系：$T=1.8t℃+32$（t为摄氏温度数，T为华氏温度数）。

温度对自然的影响

◆茫茫宇宙

在整个宇宙当中，温度无处不存在。无论在地球上还是在月球上，也无论是在炽热的太阳上还是在阴冷的冥王星上，这一切无不由于空间位置的不同而存在着温度的差别。正因为宇宙中各行星的冷热不同，才决定着生命的存在与否。

当然，在这样茫茫的宇宙中，只要温度适宜，生命是完全可以存在的，地球就是最

好的证明。地球上生命的诞生有人说是偶然的，其实这也是必然的。然而，温度在生命演化过程中是必不可少的因素之一。因为只有在适宜的温度下，化学反应才能正常进行物质分解或重组，才有了今天这个美丽的世界，才有了生命的诞生。

小资料——几个特殊的温度

在人们的现实生活中，通常比较熟悉的温度变化范围很有限，但是随着科学技术的不断进步，人们的视野在不断扩展，在这里简单介绍几个特殊的温度：

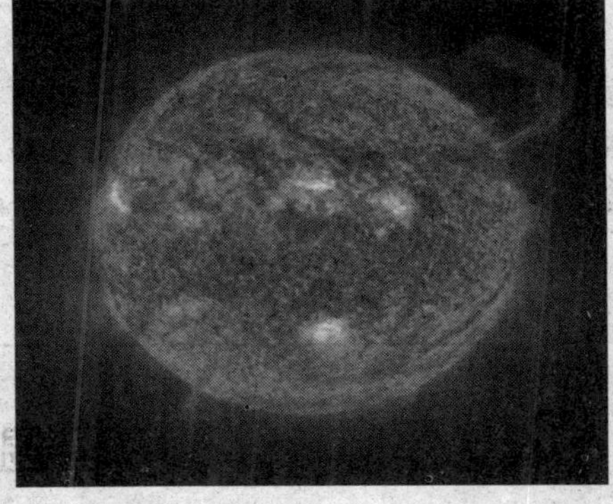

◆火红的太阳

1. 6 000℃的太阳表面

太阳的表面温度达到 6 000 摄氏度。太阳大气中有 90 多种化学元素，其中氢的含量最多，约占太阳质量的 71%，氦约占 27%，其他元素约占 2%，包括钠、钙、铁、氧等。正因为这些化学元素每天都在制造核爆炸，放出大量的光和热，给我们的生活带来了生机。但太阳的能量是有限的，终有一天能量用完后，太阳也就消失了。

◆美丽的金鱼

2. －273.15℃绝对零度

绝对零度，即绝对温标的开始，是温度的最低极限，相当于－273.15℃，当达到这一温度时所有的原子和分子热运动都将停止。热力学第三定律指出，绝对零度不可能通过有限的降温过程达到，所以说绝对零度是一个只能逼近而不能达到的最低温度。

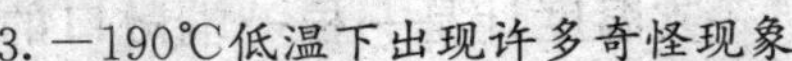

3. －190℃低温下出现许多奇怪现象

低温世界就像魔术师，各种物质出现奇妙变化。空气在－190℃时会变成浅蓝色液体，如果把鸡蛋放进去，它会产生浅蓝色的荧光，摔在地上会像皮球一样弹起来；鲜艳的花朵放进去，会变成像玻璃一样，轻轻的一敲便发出“叮当”响，重敲竟破碎了。从鱼缸捞出一条金鱼头朝下放进液体中，金鱼再取出来就变得硬梆梆，晶莹透明，仿佛水晶玻璃制成的“工艺品”，再将这“玻璃金鱼”放回鱼缸的水中，奇怪的是金鱼竟然复活了，又摆动着轻纱一般的尾巴游了起来。

4.40℃人体自身的温度极限

人属于恒温动物，一般说来不会超出35℃～42℃的范围，41℃时人体器官肝、肾、脑将发生功能障碍，连续几天42℃的高烧，足以致使成年人丧命。

小百科

科学家长期研究后发现，认为生活中的理想温度应该是：居室温度保持在20℃～25℃；穿衣保持最佳舒适感时，则皮肤的平均温度为33℃；饭菜的温度为46℃～58℃；饮水时的温度为44℃～59℃；泡茶的温度为70℃～80℃；洗澡水的温度为34℃～39℃；洗脚水的温度为50℃～60℃；冷水浴的温度为19℃～21℃。

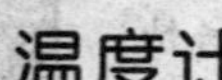

温度计

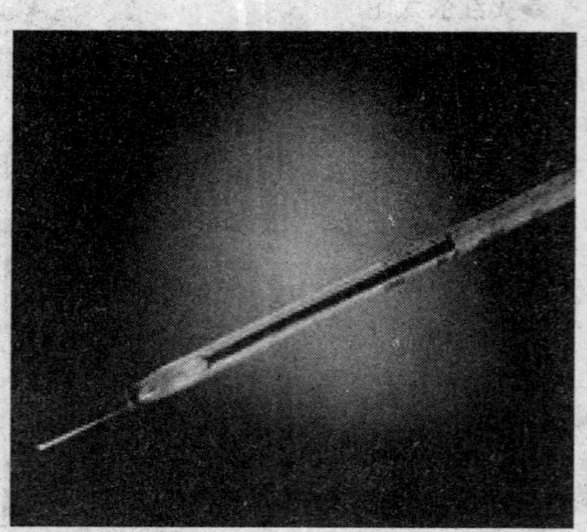

◆温度计

温度计，是测温仪器的总称。其原理是：利用固体、液体、气体随温度变化而出现的热胀冷缩的现象而设计的。

一般说来，一切物质的任一物理属性，只要它随温度的改变而发生单调的、显著的变化，都可用来标识温度而制成温度计。

最早的温度计是在1593年由意大利科学家伽利略发明的。他的第一支温度计是一根一端敞口的玻璃管，另一端带有核桃大的玻璃泡。使用时先给玻璃泡加热，然后把玻璃管插入水中。随着温度的变化，玻璃管中的水面就会上下移动，根据移动的多少就可以判定温度的变化和温度的高低。这种温度计，受外界大气压强等环境因素的影响较大，所以测量误差较大。

后来，随着科学技术的发展，温度计也在不断改进。法国人布利奥在1659年制造了温度计，他把玻璃泡的体积缩小，并把测温物质改为水银，这样的温度计已具备了现在温度计的雏形。以后荷兰人华伦海特在1709年利用酒精，在1714年又利用水银作为测温物质，制造了更精确的温度计。

广角镜——水力发电站

随着科技和工业发展的需要，测温技术也在不断地发展和提高。温度计的应用范围越来越广泛，根据不同的需要产生了很多新型的温度计，下面简单介绍几种：

1. 指针式温度计

它是形如仪表盘的温度计，也称寒暑表，用来测室温，是利用金属的热胀冷缩原理制成的。它是以双金属片作为感温元件，用来控制指针。双金属片通常是用铜片和铁片铆在一起，且铜片在左，铁片在右。由于铜的热胀冷缩效果要比铁明显的多，因此当温度升高时，铜片牵拉铁片向右弯曲，指针在双金属片的带动下就向右偏转（指向高温）；反之，温度变低，指针在双金属片的带动下就向左偏转（指向低温）。

◆指针式温度计

2. 热电偶温度计

热电偶温度计是由两条不同金属连接着一个灵敏的电压计所组成。金属接点在不同的温度下，会在金属的两端产生不同的电位差。电位差非常微小，故需灵敏的电压计才能测得。由电压计的读数，便可知道被测物的温度。

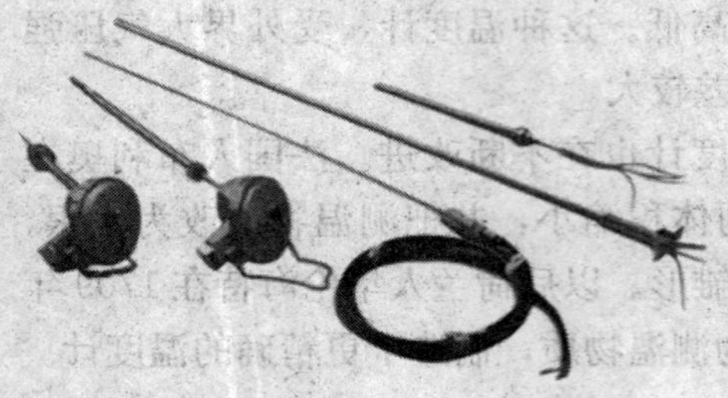
◆热电偶温度计

3. 光测高温计

物体温度若高到会发出大量的可见光时，便可通过测量其热辐射的多少来决定其温度，此种温度计即为光测温度计。此温度计主要是由装有红色滤光镜的望远镜及一组带有小灯泡、电流计与可变电阻的电路制成。使用前，先建立灯丝不同亮度所对应温度与电流计上的读数之间的关系。使用时，将望远镜对准待测物，调整电阻，使灯泡的亮度与待测物相同，这时从电流计便可读出待测物的温度了。

4. 液晶温度计

用不同配方制成的液晶，其相变温度不同，当其相变时，其光学性质也会改变，使液晶看起来变了色。如果将不同相变温度的液晶涂在一张纸上，则由液晶颜色的变化，便可知道温度为何。此温度计之优点是读数容易，而缺点则是精确度不足，常用于观赏用的鱼缸中，以指示水温。

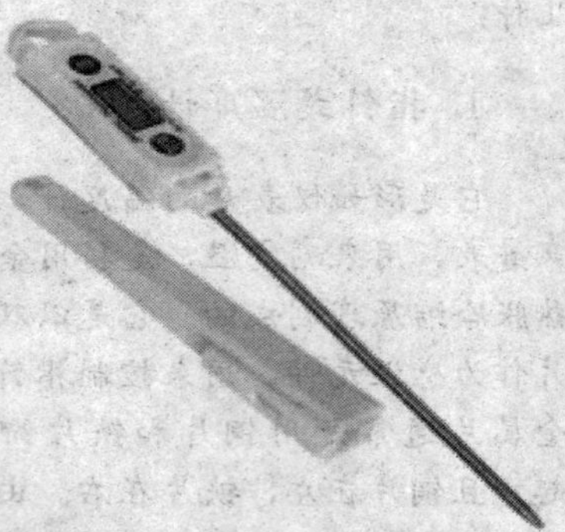
◆液晶温度计

这里我们只是简要地介绍了几种，还有很多，希望同学们在生活中能多注意观察，多动脑思考，那样你会有意想不到的收获的。

水的“舞蹈”——沸腾

我们平常看到的水是纯净透明的，再简单不过了，但可不能小看它。因为，当外界的条件发生变化时，它就会摇身一变，改变自己的模样，让人琢磨不透。所以，要想真正地了解水，我们还要不断地去学习。

沸腾是水在一定压强下，当达到一定温度时，所发生的一种现象。现在，让我们一起去看看水在沸腾时的模样吧！

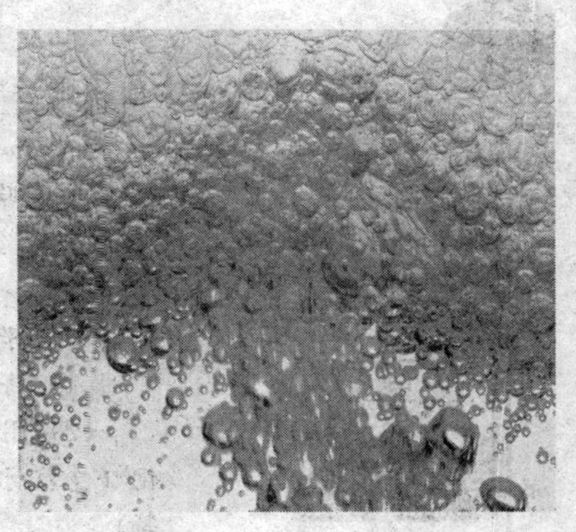

◆水的奥秘

沸　腾

在一定的大气压强下，当温度达到某一固定点时，在液体表面和内部同时发生的剧烈汽化现象，我们把这种现象叫做沸腾。液体沸腾时的温度，就叫做该液体的沸点。不同液体的沸点不同，同种液体在压强变化时，它的沸点也会发生变化。

在标准大气压下，水的沸点一般认为是100℃，但这个温度并不是固定不变的，它也会随着压强的改变而发生变化的。

◆水的沸腾

水的沸腾是我们所熟悉的现象，那我们就来看看水沸腾时有什么特点！水的沸腾是一种在水的内部和表面发生的剧烈的汽化现象。当水沸腾时，我们通过观察可以发现，有大量气泡从水底上升，然后慢慢变大，到水面后破裂，里面的水蒸气再散发到空气中。在水沸腾以后，如果继续对水加热，此时水的温度始终保持不变，这些热量会使水不断地变为水蒸气。

小实验——水的沸腾

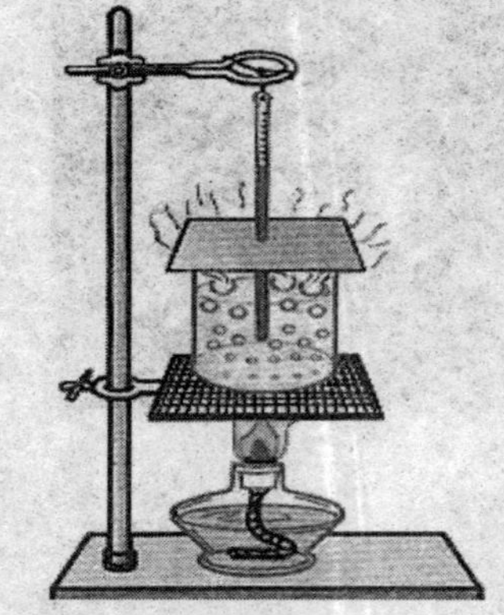
◆水沸腾的实验装置

1. 实验目的：探究水的沸腾现象

2. 实验器材：铁架台、温度计、烧杯、石棉网、酒精灯

3. 实验步骤：

(1) 将实验器材放置好。(如图所示)

(2) 用酒精灯给烧杯加热，观察水中发生的变化（包括水的温度、水发出的声音、水中的气泡等）。

(3) 当水温升到 90℃时，每隔 1 分钟读一次温度计的示数，记在表格中。同时注意观察烧杯中水的温度变化，直到水沸腾 5 分钟后停止读数。

水的温度随加热时间变化记录表：

时间/分钟	1	2	3	4	5	6	7	……
温度/℃								

(4) 移开酒精灯，停止加热，观察水是否沸腾。

(5) 做出水沸腾过程中温度和时间的关系曲线。

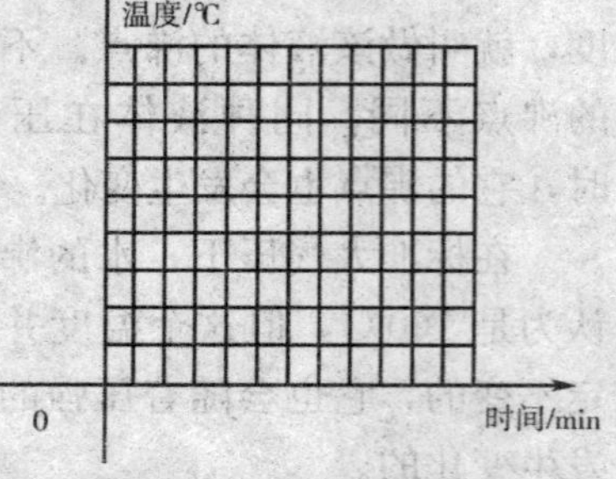

◆水沸腾过程温度和时间关系曲线

蒸 发

谈到沸腾，我们很自然会想到蒸发了，因为它们密不可分。

沸腾是液体需要达到一定温度时才会发生的现象。蒸发与沸腾的区别在于：蒸发是液体在任何温度下都会发生的在其表面进行的一种缓慢的汽化现象。蒸发过程需要吸收热量。很多因素会对蒸发产生影响，如温度、湿度、液体的表面积、液体表面上空气流动的快慢等因素都会影响蒸发的快慢。蒸发和沸腾也有相联系的方面：它们都是液体汽化的方式，即都属于汽化现象；另外，液体在蒸发和沸腾的过程中，都需要吸收热量。

◆空气流动加快蒸发

蒸发量

蒸发量常指在一段时间内，液体分子蒸发散布到空气中的量。水的蒸发量通常用蒸发到空气中水层的厚度来表示，我们可以通过蒸发器来测定。

蒸发量的测定对农业和水文业都很重要。在任何一带自然流域，它的蒸发量、降水量和河水的流量是基本持平的，用公式表示：降入流域的降水量＝蒸发量＋流出流域河水量。在一些地区，如果降水很少，地下水源及流入的水量不多，而蒸发量过大，就很容易发生干旱。

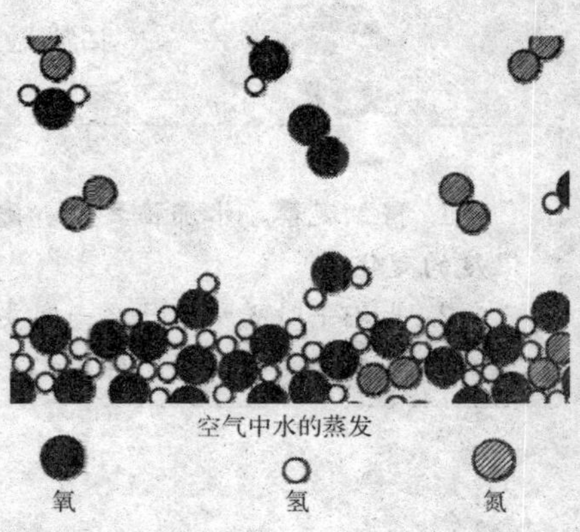

◆水蒸发的分子图片

讲解——蒸发量的测量及蒸发器

◆小型蒸发器

测定蒸发量可以给我们提供很多信息。测定蒸发量的仪器通常有：小型蒸发器、蒸发皿和大型蒸发桶。小型蒸发器是一个金属圆盆，盆口成刀刃状，为防止鸟兽饮水，器口上部套一个向外张成喇叭状的金属丝网圈。测量时，将仪器放在架子上，每日放入一定量清水，隔 24 小时后，用量杯测量剩余水量，所减少的水量即为蒸发量。蒸发皿的规格大都和雨量筒一样，因为它的厚度小于直径才称为皿，用它测量蒸发量的原理和小型蒸发器原理类似。大型蒸发桶是圆柱形桶，桶底中心装一直管，直管上端装有测针座和水面指示针，桶体埋入地中，桶口略高于地面。每天观测时，将测针插入测针座，读取水面高度，根据每天水位变化与降水量计算蒸发量。

1. 仔细观察，水沸腾之前、沸腾时和沸腾后，都有什么变化？特别是温度的变化。

2. 我们平时喝水为什么一定要沸腾呢？你知道原因吗？

3. 水的沸点随压强怎样变化？高压锅的原理你知道吗？

水的婀娜身姿

——水的形态

她，浩瀚无垠，像一匹奔腾的野马，从遥远的唐古拉山滚滚而来，冲破冰山，切开雪野，艰难曲折而又一往无前。

她，承载着希望，汹涌澎湃，在千回百折中积蓄着力量。又以博大的胸怀和甘美的乳汁哺育着中华儿女，诉说着五千年华夏文明。

她，广阔无边，时而碧波荡漾时而急流回漩，浊浪排空，气势万里。

她们不施粉黛，不着艳装，静静的躺在坦缓的黄土地上，任丽日照耀，显得那么慈祥，那么温柔，那么壮美，那么崇高！这一章将带您走入江宽水阔惊涛骇浪之中。

大地的血脉——河流

在地球上了，因为有河流的存在，使地球显得更生机勃勃；因为河流的存在，才会有“小桥流水人家”那样优美的诗句；因为河流的存在，才会有生动的故事，生生不息的麦地，如海的桃花和爱。河流不仅给我们诗的意境，有时也给我们哲学的思考。二千多年前，孔子面对湍急的河流，变幻不定的时空，永不返回的时间，发出：“逝者如斯夫，不舍昼夜”的感慨。今天，我们就从科学的角度来探索河流。

◆蜿蜒曲折的河流

河 流

河流，是指在地球重力作用下，在陆地表面形成的成线形的自然流动的水体。

每条河流都有它的源头，因为河源的存在才使河流得以川流不息地流淌。有的河源是地下水，有的是湖泊，有的是冰川融化的水，不同的河流河源也不同。河流都有自己的归宿，“河口”就是河流的终点。

我国的河流分外流河和内流河。我

◆清澈的河水

◆中国最大的内流河——塔里木河

们把直接或间接流入海洋的河流叫外流河。我国外流河主要分布于东部季风区，河流的流量受降水影响较大，河水水位随不同季节降水量的变化而明显变化，夏季普遍形成汛期。外流河形成了庞大的水系，占中国土地总面积的64%。不流入海洋而流入内陆湖的河流称内流河。内流河大多分布在降水稀少的半干旱和干旱地区，源头在封闭的高原、盆地和低地内，支流少而短小，缺乏统一的大水系，水量少，多数为季节性的间歇河。在一些沙漠地区，因为河水被蒸发或是渗漏，使河流最终消失，这样的河流叫做瞎尾河。

河流除了河源和河口外，每一条河流根据它的水文和地形特征，可以分为上、中、下游三段。上游流速大，冲刷占优势，河槽多为岩石；中游流速减小，流量加大，冲刷、淤积都不严重，河槽多为粗砂；下游流速较小，但流量大，淤积占优势，多浅滩或沙洲，河槽多细砂和淤泥。

广角镜——水力发电站

◆冰川融化成河水

因为不同的河流来源不同，受到很多因素的影响：

1. 地形因素。我国的地势是西高东低，呈阶梯状，分为三大阶梯，各个阶梯和阶梯的交界处成为河流的发源地。当河流流经阶梯分界线时，形成落差，水力资源丰富。

2. 气候因素。我国很多河流的河水是靠雨水来补给，而降水在我国地区分布上遵循由东南向西北递减的规律，从而影响了我国河流的分布，这也是大河多为东西流向的原因。降水分配的不均衡，也影响了河流径流量的变化。

西部干旱地区的河流主要靠冰雪融水来补给河水，所以这些河流受气温影响较大，在不同季节会出现春汛和凌汛。

3. 植被也会对河流产生影响。河源植被覆盖率低，河水含沙量就大；河源植被覆盖率高，河流含沙量就小。

4. 人类活动对河流的影响。人工开挖河道，兴修水利工程，改变了河流的分布。

我国河流的现状

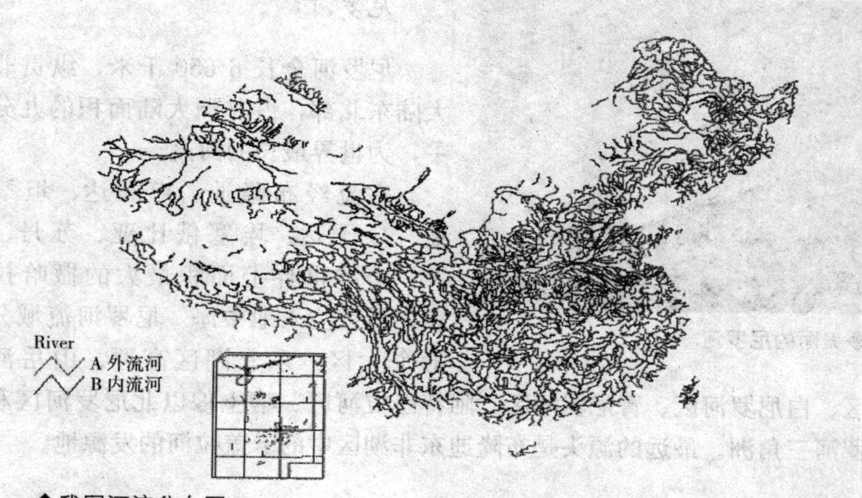

◆我国河流分布图

我国河流众多，但在地区分布上十分不均衡。天然河道总长约 43 万千米，但在地区分布上以太平洋水系的河流流域面积最大，约占全国总面积的 56.7%；其次为印度洋水系的河流，占 6.5%；北冰洋水系仅占 0.5%，另外有 36.2%的内流区域。河网密度自东南向西北递减。我国河流流域面积超过 1000 平方千米的河流有 1 500 多条，超过 1 万平方千米的有 79 条，水力资源丰富，水力蕴藏量为 6.8 亿千瓦，居世界首位。但分布不均衡，长江的水力资源占全国水力资源蕴藏量的 40%。

我国的很多河流受到季节变换和气候影响。河流的径流量，年内及年际变化均大。在夏季雨水丰沛，河水充裕；冬季少雨，河水匮乏。

根据河水的流量、水位变化及汛期长短、含沙量、结冰期等特征，可以把我国的外流河分为以下四个不同的类型：以长江为代表的秦岭—淮河以南地区的河流；以黑龙江及其支流为代表的东北山区的河流；以黄河、海河为代表的秦岭—淮河以北地区的河流，以及横断山区的河流。此外，以塔里木河为代表的内流河，又有其独特的水文特征。

河流之最

◆美丽的尼罗河

尼罗河

尼罗河全长 6 650 千米，纵贯非洲大陆东北部，占非洲大陆面积的九分之一，为世界最长的河流。

它流经布隆迪、卢旺达、坦桑尼亚、乌干达、埃塞俄比亚、苏丹、埃及，跨越世界上面积最大的撒哈拉沙漠，最后注入地中海。尼罗河流域分为七个大区：东非湖区高原、山岳河流区、白尼罗河区、青尼罗河区、阿特巴拉河区、喀土穆以北尼罗河区和尼罗河三角洲。最远的源头是布隆迪东非湖区中的卡盖拉河的发源地。

伏尔加河

伏尔加河是欧洲第一长河，河流全长 3 688 千米，发源于俄罗斯加里宁州奥斯塔什科夫区、瓦尔代丘陵东南的湖泊间，自源头向东北流至雷宾斯克转向东南，至古比雪夫折向南，流至伏尔加格勒后，向东南注入里海。

◆伏尔加河

伏尔加河河道弯曲，流速缓慢，多沙洲和浅滩，两岸多牛轭湖和废河道。河流在伏尔加格勒以下，由于流经半荒漠和荒漠，水分被蒸发，没有支流汇入，流量降低。伏尔加河在河口的三角洲上分成 80 条汊河注入里海。

多瑙河

多瑙河是欧洲第二大河，它发源于德国西南部的黑林山，自西向东流经奥地利、捷克、斯洛伐克、匈牙利等 9 个国家后，流入黑海，全长 2 860 千米，也是世界上流经国家最多的一条河流。

◆蓝色多瑙河

多瑙河像一条蓝色的飘带蜿蜒于欧洲的大地上，它的两岸有许多美丽的城市，它们像一颗颗璀璨的夜明珠，镶嵌在这条蓝色的飘带上，风光绮丽，十分优美。

黄　河

黄河发源于青藏高原，曲折穿行于黄土高原、华北平原，最后在山东垦利县注入勃海，全长 5 464 千米，是中国第二大河。

◆汹涌澎湃的黄河

黄河以泥沙含量高而闻名于世，其含沙量居世界各大河之冠。据计算，黄河从中游带下的泥沙每年约有 16 亿吨之多，如果把这些泥沙堆成 1 米高、1 米宽的土墙，可以绕地球赤道 27 圈。“一碗水半碗泥”的说法，生动地反映了黄河的这一特点。

京杭大运河

京杭大运河是世界上开凿最早、里程最长、工程最大的运河。北起北京（涿郡），南到杭州（余杭），全长 1 700 余千米，流经北京、天津两市及河北、山东、江苏、浙江四省，沟通海河、黄河、淮河、长江、钱塘江五大水系。在我国南北运输中起着重要的作用。目前又是南水北调东线工程调水的主要通道。

◆京杭大运河

京杭大运河，是中国古代一项伟大的水利工程，也是世界上开凿最早，里程最长的大运河，它和万里长城并称为我国古代的两项伟大工程，闻名于全世界。京杭大运河北起北京，南到杭州，全长 1 764 千米，经北京、天津两市及河北、山东、江苏、浙江四省，沟通钱塘江、长江、淮河、黄河、海河五大水系。

◆京杭大运河

大运河肇始于春秋时期，形成于隋代，发展于唐宋，京杭大运河建于两千多年前的春秋时期，距今已有 2 500 年的历史。它也显示了我国古代水利航运工程技术领先于世界的卓越成就。大运河的开通促进了中国南北的交流，使南北各地在物质和文化上得到融合，形成了绚丽多彩的杭州大运河文化，具有开放、兼容、庶俗的文化特征。同时，丰富了的历史文化遗产，孕育了一座座璀璨明珠般的名城古镇，积淀了深厚悠久的文化底蕴，凝聚了我国政治、经济、文化、社会诸多领域的庞大信息。大

运河与长城一样，同是中华民族文化的象征。

小资料——河流与我们的生活

◆被污染成彩色的河水

河流与人类的生活生产息息相关，给我们提供了丰富的淡水资源和能源。丰富的水力资源，给我们提供了丰富的可更新能源。此外，在河流分布密集的地方，河流还对调节气候起到一定的作用。

但是，随着我国经济和工业的发展，工业废水、废弃物的任意排入河流，造成河流的水质恶化。据《中国环境状况公报》和水利部门报告显示，1997 年，我国七大水系、湖泊、水库、部分地区地下水受到不同程度的污染，河流污染比重与 1996 年相比，枯水期污染增加了 6.3 个百分点，丰水期增加了 5.5 个百分点，在所评价的 5 万多千米河段中，受污染的河道占 42%，其中污染极为严重的河道占 12%，全国七大水系的水质继续恶化。

河水是人们日常生活和生产的主要淡水来源，污染物通过饮水可直接毒害人体，也可通过食物链和灌溉农田间接危及人身健康，更为严重的水污染，还会对生态系统造成危害。

河流与我们的生活息息相关，所以在日常生活中，我们每个人一定要从身边做起，从小事做起，去保护河流，减少污染。

我们的母亲河——黄河

◆黄河母亲

说起黄河，我们不禁想起大诗人李白的“君不见黄河之水天上来，奔流到海不复还”的千古名句，似乎看到了波涛汹涌的黄河水正从冰川万丈的巴颜喀拉山出发，浩浩荡荡，奔向巨浪滔天的黄海之边，像一条金色的巨龙，横卧在我国北部辽阔的土地上。

我们总把黄河比喻成母亲，因为它任劳任怨。千百年来，它默默地流淌着，用黄河水养育着中华各族儿女，孕育着辉煌灿烂的中华文明。

今天我们将带着对黄河母亲的崇敬之情，走近她，去看看她在几千年里的沧桑巨变。

黄河的身世

黄河是我国第二大长河，世界第五大长河，全长达 5 464 千米，它发

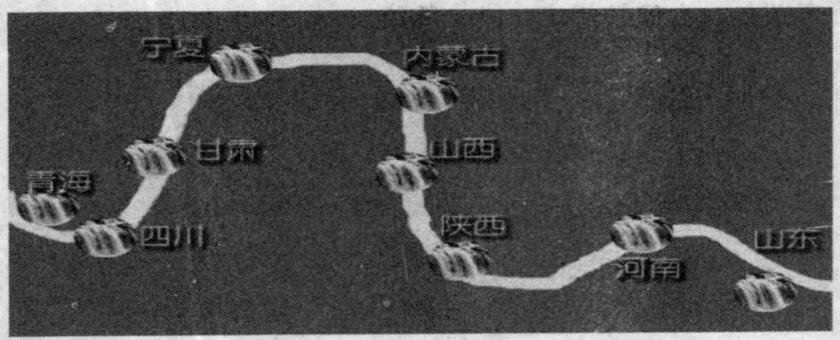

◆黄河流经的九省区

源于青海的巴颜喀拉山，在山东省东营市垦利县注入渤海，流经 9 个省区，流域面积达到 752 442.76 平方千米。

◆黄帝的雕像

黄河从源头到内蒙古自治托克托县区河口镇为上游，河长 3 472 千米；河口镇至河南孟津为中游，河长 1 206千米；桃花峪以下为下游，河长 786 千米（黄河上、中、下游的分界有多种说法，这里采用黄河水利委员会的划分方案）。

黄河汇集了 40 多条主要支流和 1 000 多条溪川，行程 5 464 千米，流域面积达 75 万多平方千米。全流域年平均降水 400 毫米左右，而黄河平均年径流总量仅 574 亿立方米，在中国河流中居第八位。流域内，连同下游豫、鲁沿河地区共有 2 亿多亩耕地，1 亿左右的人口。

黄河有着悠久的历史，它的文明开始于 6 000 多年前，早在那时，黄河流域内已开始出现农事活动。大约在 4 000 多年前，黄河流域开始形成一些血缘氏族部落，其中以炎帝、黄帝两大部落最强大。后来，黄帝取得了统治地位，并统一了其他部落，形成“华夏族”。所以，后人把黄帝奉为中华民族的祖先，在黄帝出生地河南省新郑市有黄帝灵，世界各地的炎黄子孙，都把黄河流域认作中华民族的摇篮，称黄河为“母亲河”。

小故事——关于黄河的传说

传说在尧帝时期，黄河流域经常洪水泛滥。为了制止洪水泛滥，保护人民的生命安全，保证正常的农业生产，尧帝曾召集部落首领会议，请治水能手来平息水害。鲧被推荐来负责这项工作。鲧接受任务后，就采“堤工障水，作三仞之城”，就是用简单的堤埂把居住区围护起来以障洪水，九年而不得成功，最后被放逐羽山而死。舜帝继位以后，任用鲧的儿子禹治水。禹总结父亲的治水经验，改鲧“围堵障”为“疏顺导滞”的方法，就是利用水自高向低流的自然趋势，顺地形把壅塞的川流疏通。把洪水引入疏通的河道、洼地或湖泊，然后合通四海，从而平息了水患，使百姓得以从高地迁回平原居住和从事农业生产。后来禹因此而成为夏朝的第一代君王，并被人们称为“神禹”而传颂于后世。

广角镜——黄河的文化

◆仰韶文化遗址

黄河流域是中华文化的发源地，几十万年以前，这里就有了人类的踪迹，是中华民族的摇篮。

早在旧石器时代，黄河流域就有了人类的活动，他们发明了火，能够制造粗糙的石器、骨器，创造了旧石器时代的文化。到新石器时代，黄河流域的人口急剧增加，生产和文化都有了飞速发展，形成了著名的“仰韶文化”。据考古学家考证，仰韶文化延续达千年以上，距今已六千年左右了。

在距今约四千年前，原始公社瓦解，“禅让制”被打破，建立了世袭的奴隶制国家。

大约在三千五百年以前，我国历史上第二个王朝——商王朝在以河南为中心的黄河两岸建立了，它是一个高度发展的种族奴隶制国家。

◆西安唐代大雁塔

到西周以后的春秋战国时期，黄河流域开始了由奴隶社会向封建社会的过渡，封建制的新生产关系代替了奴隶制的旧生产关系，促进了生产力的发展，城市经济繁荣起来。秦国的咸阳，赵国的邯郸，齐国的临淄，魏国的大梁，都成了当时远近驰名的城市。

从秦汉大统一到北宋皇朝，黄河流域仍然是我国历代的都城、政治、经济、文化的中心。生活在大河上下的各族人民，以自己的辛勤劳动和卓越才能，创造

了更加绚丽多彩的文化。一直到现在，黄河流域的地上地下还保存着许多古代建筑和艺术宝库。像西安唐代的大雁塔，河南登封的北魏嵩岳寺塔，开封的宋代铁塔，洛阳的东汉白马寺等，都充分显示了古代匠师高超的技术水平和杰出的艺术成就。

直至今天，黄河在我国人民的生产生活上仍然发挥着重要的作用，为我国的经济建设与发展默默地贡献着自己的力量。

黄河的保护

由于人口的激增，经济和社会的快速发展，对资源大量的开发，已经给黄河带来了严重的环境问题。

◆黄河壶口瀑布

1. 黄河含沙量多。据科学家研究，黄河多泥沙主要因为两个原因：一是自秦朝以后，黄土高原气温转寒，暴雨集中，黄土本身结构松散，很容易受侵蚀和崩塌，助长了水土流失，使大量泥沙进入黄河；二是黄河流域人口迅速增长，过度的开垦，使森林毁灭，草原破坏，引起严重的水土流失。据统计，每年黄河流域每平方千米就有 4 000 吨宝贵的土壤被侵蚀掉。把黄河治理好，关键是要把泥沙管住，不能让它随心所欲地流入黄河。

2. 黄河断流。近年来，随着全球气候变暖，使得河道的蒸发量增加，造成中下游的水量逐年减少。黄土高原地区植被破坏严重，造成土地的沙漠化，蒸发量变高；地下水需要不停地吸收河水来补充；此外，黄河沿岸有些地区落后的灌溉方式，浪费了大量水资源。因为这种种原因，导致近年来黄河经常出现断流。

黄河母亲孕育了华夏文明，哺育了一代又一代中华儿女，今天，它仍将支撑着中华民族的伟大复兴，所以保护母亲河就是保护我们自己，改善生态环境才能建设美好未来。

知识窗

什么是悬河?

河床高出两岸地面的河，叫做“悬河”，又称“地上河”。

由于含沙量太高，泥沙淤积，黄河的大部分河段里，河床都高于流域内的城市、农田，全靠大堤约束，形成“悬河”。

小资料——黄河上的美丽风景

1. 壶口瀑布

说到黄河，人们肯定会想到黄河上那壮美的“壶口瀑布”，因为它是黄河上一道独特的风景。

◆冬季的壶口瀑布

壶口瀑布是黄河中游流经秦晋大峡谷时形成的一个天然瀑布，它西临陕西省延安市宜川县壶口乡，东濒山西省吉县，河水至此，300余米宽的洪流骤然被两岸所束缚，上宽下窄，声势如同在巨大无比的壶中倾出，故名“壶口瀑布”。瀑布宽达30米，深约50米，最大瀑面3万平方米，是中国仅次于贵州省黄果树瀑布的第二大瀑布。

汹涌的黄河水奔流至此，从壶口泄出，波浪翻滚，惊涛怒吼。天气晴朗时，彩虹随波涛飞舞，景色奇丽，正如《壶口秋风》中所写“秋风卷起千层浪，晚日迎来万丈红”。到冬季的时候，壶口瀑布又有别样的风情。黄河水在两岸形成形状各异的冰凌、层层叠叠的冰块飞流直下，激起的水雾在阳光下映射出美丽的彩虹，瀑布下搭起美丽的冰桥，令人不禁慨叹大自然的鬼斧神工。

2. 龙门

“龙门”指的是黄河从壶口咆哮而下的晋陕大峡谷的最窄处，也即“禹凿龙

门”的“龙门”。相传“鲤鱼跳龙门”的故事就源于此。

历史典故——鲤鱼跳龙门

很早很早以前，龙门还未凿开，伊水流到这里被龙门山挡住了，就在山南积聚了一个大湖。

居住在黄河里的鲤鱼听说龙门风光好，都想去观光。它们从孟津的黄河里出发，通过洛河，又顺伊河来到龙门水溅口的地方，但龙门山上无水路，上不去，它们只好聚在龙门的北山脚下。“我有个主意，咱们跳过这龙门山怎样?”一条大红鲤鱼对大家说。“那么高，怎么跳啊？跳不好会摔死的!”伙伴们七嘴八舌拿不定主意。大红鲤鱼便自告奋勇地说：“我先跳，试一试。”只见它从半里外就使出全身力量，像离弦的箭，纵身一跃，一下子跳到半天云里，带动着空中的云和雨往前走。一团天火从身后追来，烧掉了它的尾巴。它忍着疼痛，继续朝前飞跃，终于越过龙门山，落到山南的湖水中，一眨眼就变成了一条巨龙。山北的鲤鱼们见此情景，一个个被吓得缩在一块儿，不敢再去冒这个险了。这时，忽见天上降下一条巨龙说：“不要怕，我就是你们的伙伴大红鲤鱼，因为我跳过了龙门，就变成了龙，你们也要勇敢地跳呀!”鲤鱼们听了这些话，受到鼓舞，开始一个个挨着跳龙门山。可是除了个别的跳过去化为龙以外，大多数都过不去。凡是跳不过去，从空中摔下来的，额头上就落一个黑疤。直到今天，这个黑疤还长在黄河鲤鱼的额头上。

后来，唐朝大诗人李白，专门为这件事写了一首诗：“黄河三尺鲤，本在孟津居，点额不成龙，归来伴凡鱼。”

1. 黄河为中华民族的“母亲河”，孕育了我国的文明，哪些文明是发源于黄河流域的?

2. 黄河泥沙含量多，并且近年还常出现断流，是什么原因造成的?

中国第一大河——长江

◆长江

你从雪山走来，春潮是你的丰采；你向东海奔去，惊涛是你的气概。你用甘甜的乳汁，哺育各族儿女；你用健美的臂膀，挽起高山大海。我们赞美长江，你是无穷的源泉；我们依恋长江，你有母亲的情怀。你从远古走来，巨浪荡涤着尘埃；你向未来奔去，涛声回荡在天外。你用纯洁的清流，灌溉花的国土；你用磅礴的力量，推动新的时代。我们赞美长江，你是无穷的源泉；我们依恋长江，你有母亲的情怀。

长江和黄河共同孕育了中华文明，共同见证历史的沧桑巨变。

关于长江

长江是我国第一大河，世界第三长河，全长 6 397 千米，仅次于非洲的尼罗河与南美洲的亚马孙河，水量也是世界第三。总面积 180 多万平方千米，约占全国土地总面积的 1/5，和黄河一起并称为“母亲河”。

◆长江源头——沱沱河

长江发源于唐古拉山脉主峰各拉丹冬西南侧的沱沱河，流经青海省、西藏自治区、四川省、云南省、湖北省、湖南省、江西省、安徽省、江苏

省和上海市等 10 个省、区、市，最后在上海市注入东海。有雅砻江、岷江、嘉陵江、沱江、乌江、湘江、汉江、赣江、青弋江、黄浦江等重要支流，其中汉江最长。干流以北的是雅砻江、岷江、嘉陵江和汉江，干流以南的是乌江、湘江、沅江、赣江和黄浦江。汉江中上游的丹江口水库为南水北调中线水源地。

讲解——长江的七大水系

我们知道，中国第一大河叫做“长江”，但却不知道，它的一些江段又有它们自己的名称。

从长江的源头至长江南源当曲河口，通称为沱沱河，长度为 358 千米；自当曲河口至青海省玉树县巴塘河口，通称为通天河，长度为 813 千米；自巴塘河口至四川省宜宾市岷江河口，通称为金沙江，长度为 2 308 千米；自宜宾市至湖北省宜昌市南津关，俗称为川江，长度为 1 033 千米；自湖北省枝城市至湖南省岳阳市的城陵矶，该江段因流经古荆州地区，通称为荆江，长度为 337 千米；“万里长江，险在荆江”，就指的是这一段，也是长江流经山区、丘陵区后而进入平原区的第一段；江西省九江市附近的一段长江，称浔阳江，因九江市古城浔阳而得名。江苏省镇江、扬州一带的长江，古称扬子江，因扬州市南面有一通往镇江市的扬子津渡口而得名。

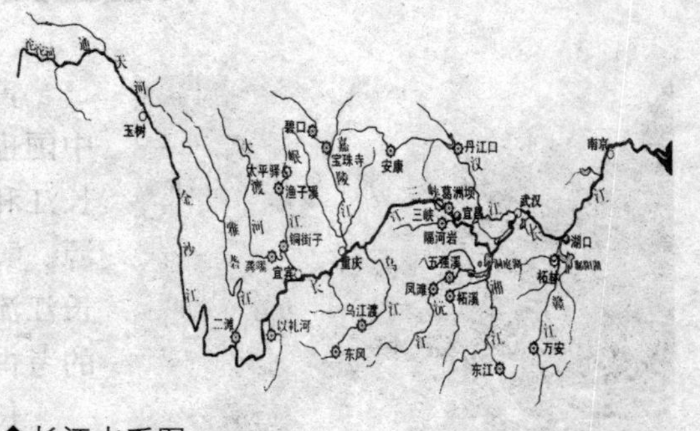

◆长江水系图

小知识——长江上、中、下游的划分

长江从河源到河口横跨中国地形上的三级巨大阶梯，沿途接纳支流的汇入，经过各种不同地貌的区域。按水文、地貌特点把干流划分为上、中、下游三段：从河源至宜昌市为上游段，宜昌市至湖口为中游段，湖口以下为下游段。

上游河段横跨两个地形阶梯，长 4 529 千米，占长江总长度 72.0%。流域面积100.6万平方千米，占流域面积的55.6%。上游的沱沱河和通天河，流经第一个阶梯——青藏高原腹地内。中游段，从宜昌以下，进入第三级阶梯的长江中下游平原，江面展宽，水流缓慢，河道弯曲。长927千米，占长江总长度14.7%。流域面积67.9万平方千米，占流域面积的37.6%。

下游段，从湖口到入海口，长844千米，占长江总长度13.3%。流域面积12.3万平方千米，占流域面积的6.8%。在下游入海口处，由于海水倒灌，使江水流速减缓，所携带的泥沙便在下游河段，尤其是靠近河口段沉积下来，因此，在江心形成了数十个大小不一的沙洲，其中最大的是崇明岛。

长江的文化

◆巫山大溪文化遗址

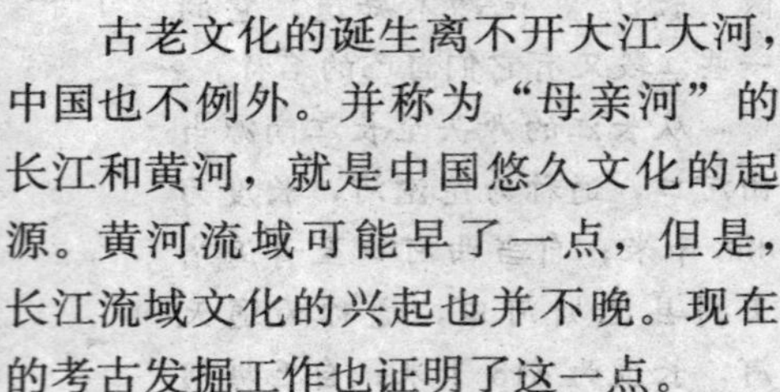

古老文化的诞生离不开大江大河，中国也不例外。并称为“母亲河”的长江和黄河，就是中国悠久文化的起源。黄河流域可能早了一点，但是，长江流域文化的兴起也并不晚。现在的考古发掘工作也证明了这一点。

长江流域为人类居住时间最长的地区之一。在安徽省江北发现了直立人化石，数处包含人类遗迹的遗址，这些都是最好的证明。

长江上游除成都平原外，东至三峡地区，西北至甘孜、阿坝境内，西南至安宁河、雅砻江流域，均有遗址发现，其中最著名的数巫山大溪文化遗址，其中出土的器物，代表了新石器时期从中期到晚期三个不同的发展阶段。

◆屈家岭文化彩陶壶

长江中游的新石器时代遗址几乎遍布整个江汉地区，多集中分布在汉江中下游和长江中游交汇的江汉平原上。早中晚期文化特征都具备的屈家岭文化，以小型彩陶器、彩陶纺轮、交圈足豆等为主要文化特征，还出土有大量的稻谷及动物遗骸，该文化的影响范围很广。

◆河姆渡文化遗址

长江中游的江西万年仙人洞、吊桶环遗址有着从旧石器时代晚期过渡到新石器时代早期的完整而清晰的地层堆积。并在遗址新石器早期的地层中，发现了距今 1 万年前的水稻栽培稻植硅石，把世界水稻栽培种植的历史提前了几千年，成为目前已知的世界最早的水稻栽培起源地之一。同时，该地层中还发现了距今 17 000 年前的大量原始陶片，是目前世界上已知的最早的原始制陶发源地。

长江下游的新石器时代文化序列可以河姆渡文化、马家洪文化和良渚文化为代表。

20 世纪 50 年代，在长江流域陆续发现了一批殷商文化遗址。四川新繁水观音遗址的出土文物证实了“蜀”与殷商中期有着密切的文化交流，为以后的科学考察奠定了基础。

长江的旅游资源

◆长江三峡

长江流域的旅游资源十分丰富，现已有的旅游区可划分为“一线七区”，即：长江干流旅游线、长江三角洲旅游区、皖南名山风景区、赣北赣西旅游区、鄂西北陕南旅游区、湘西湘北旅游区、重庆四川旅游区、滇北黔北旅游区。每个旅游区有很多景点，各有各的风格，各有各的特色。这里主要介绍长江三峡和“长江第一湾”。长江三峡是中国 10 大风景名胜之一，中国 40 佳旅游景观之首。它是瞿塘峡、巫峡和西陵峡三段峡谷的总称。它西起四川奉节的白帝城，东到湖北宜昌的南津关，长 204 千米，沿途风景绮丽，正如郭沫若同志在《蜀道奇》一诗中所写的“万山磅礴水泱漭，山环水抱争萦纡。时则岸山壁立如着斧，相间似欲两相扶。时则危崖屹立水中堵，港流阻塞路疑无”，他把峡区风光的雄奇秀逸，描绘得淋漓尽致。

知识链接——长江三峡简介

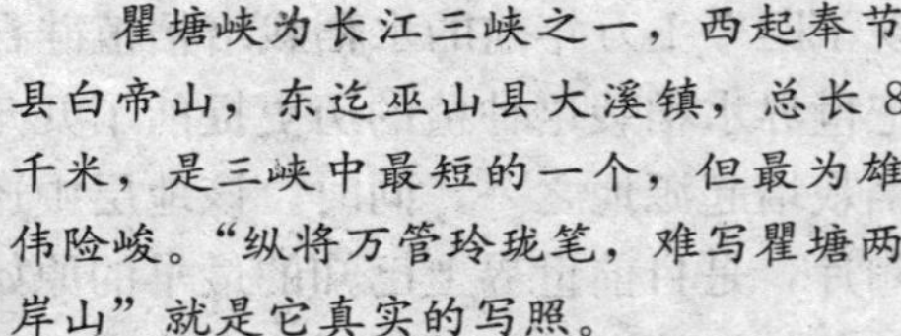

瞿塘峡为长江三峡之一，西起奉节县白帝山，东迄巫山县大溪镇，总长 8 千米，是三峡中最短的一个，但最为雄伟险峻。“纵将万管玲珑笔，难写瞿塘两岸山”就是它真实的写照。

巫峡西起巫山县城东面的大宁河口，东迄巴东县官渡口，绵延 45 千米，包括金盔银甲峡和巫山十二峰，峡谷特别幽深曲折，是长江横切巫山主脉背斜而形成的。

◆巫峡

巫峡又名大峡，以幽深秀丽著称，是三峡中最可观的一段，宛如一条迂回曲折的画廊，充满诗情画意。特别是巫山十二峰，千姿百态，其中神女峰最高。

西陵峡东起香溪口，西至南津关，长 66 千米，是长江三峡中最长的一个，以滩多水急闻名。

长江第一湾位于迪庆藏族自治州香格里拉县城南部沙松碧村与丽江石鼓镇之间，海拔 1 850 米，距香格里拉县城 130 千米。万里长江从“世界屋脊”青藏高原奔腾而下，从巴塘县城境内进入云南，与澜沧江、怒江一起在横断山脉的高山深谷中穿行。到

◆长江第一湾

了香格里拉县的沙松碧村，突然来了个 100 多度的急转弯，转向东北，形成了罕见的“V”字形大弯，所以，有诗云：“江流到此成逆转，奔入中原壮大观”，人们称此天下奇观为“长江第一湾”。

长江的稀有动物

扬子鳄

扬子鳄生活在淡水里，主要生活在我国安徽、浙江、江西等地的水域里面。它既是古老的，又是现在生存数量非常稀少、世界上濒临灭绝的爬行动物之一。扬子鳄生活在水边的芦苇或竹林地带，以鱼、蛙、田螺和河蚌等作为食物。但有时会袭击家禽和压坏庄稼，加上它长相“丑陋”，长期以来被认为是有害动物而被捕杀，所以数量稀少。

◆扬子鳄

广角镜——“活化石”

爬行动物曾称霸于中生代，那时，地球是它们的天下。后来因为环境变化，恐龙等许多爬行动物不能适应而灭绝了，而扬子鳄却一直延续到今天。在扬子鳄身上，至今还可以找到早先恐龙类爬行动物的许多特征。所以，人们称扬子鳄为“活化石”。

中华鲟

中华鲟是我国特有的古老珍稀鱼类。远在公元前 1 千多年的周代，就把中华鲟称为王鲔鱼。它的吻尖突，口小无牙，身体呈椭圆筒形。口前有四条触须，用来搜寻水底的无脊椎动物、小鱼和其他食物。中华鲟是大型

◆中华鲟

洄游性鱼类，它们像游牧民族一样，生在江河里，长在海洋中，成熟期约需 9～12 年。中华鲟的寿命很长，可活一二百年，鱼体可长达 2 米以上。中华鲟鱼肉质肥美，卵可制鱼子酱，是珍贵食品；鳔和脊索可制鱼胶，所以过去一直遭到过度捕捞。现在，中华鲟有濒于灭绝的危险，因此要求严加保护。

白鳍豚

◆白鳍豚

白鳍豚是食肉动物，口中约有 130 个尖锐牙齿，为同型齿。常在晨昏时游向岸边浅水处进行捕食，一般以整条吞食体长小于 6.5 厘米的淡水鱼类为主，也吃少量的水生植物和昆虫。呼吸时，头部先出水，然后全部露出水面，在水面游动 2 米后，再入水中。白鳍豚的视力几乎为零，依靠回声定位了解环境变化的情况，在生物学、仿生学和生理学等方面具有广泛的科研价值。但白鳍豚生性胆小，很容易受到惊吓，一般都远离船只，很难接近，加之其种群数量很少，活动区域广阔，所以在野生状态下对白鳍豚的研究十分有限。

世界第一大河——尼罗河

古希腊历史学家希罗多德说“埃及是尼罗河的赠礼”，古埃及人对此更有亲身的感受，他们对尼罗河充满了热爱与崇敬之情，《尼罗河颂》是最好的体现，诗中写到“万岁，尼罗河！你出现在这片大地上，平安地到来，给埃及以生命……”，尼罗河奠定了古埃及人生活的基础，使埃及成为人类最早的文明的摇篮。

悠久的文明发源于此，我们将带着对古老文明的虔诚，对神秘金字塔的向往，一起走近尼罗河畔。

◆美丽的尼罗河畔

关于尼罗河

尼罗河位于非洲东北部，流经非洲东部与北部，是一条国际性的河流，全长6 650千米，是非洲主河流之父，也是世界上最长的河流。2007年虽有来自巴西的学者宣称亚马孙河长度更胜一筹，但尚未获得全球地理学界的普遍认同。

尼罗河发源于赤道南部的东非高原上的布隆迪高地，干流流经布隆迪、卢旺达、坦桑尼亚、乌干达、苏丹和埃及等国，最后注入地中海。支流还流经肯尼亚、埃塞俄比亚和刚果（金）、厄立特里亚等国的部分地区。流域面积约335万平方千米，占非洲大陆面积的九分之一。尼罗河主要由卡盖拉河、白尼罗河、青尼罗河三条河流汇流而成。尼罗河最下游分成许多汊河流注入地中海，这些汊河流都流在三角洲平原上。三角洲面积约24 000平方千米，地势平坦，河渠交织，是古埃及文化的摇篮，也是现代

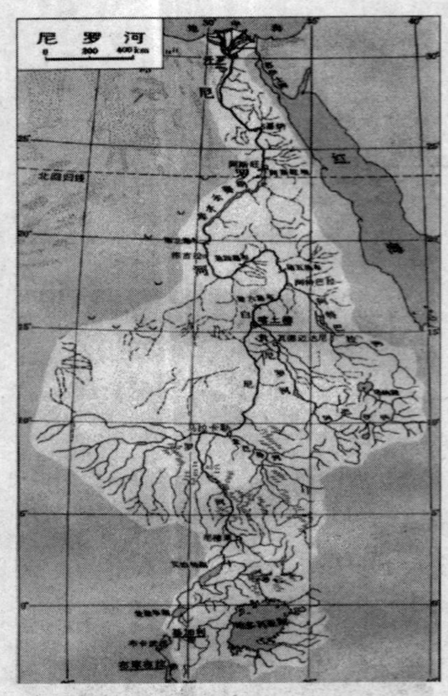

◆尼罗河流域地图

埃及政治、经济、文化中心。

尼罗河流域分为七个大区：东非湖区高原、山岳河流区、白尼罗河区、青尼罗河区、阿特巴拉河区、喀土穆以北尼罗河区和尼罗河三角洲。该河向北流经坦桑尼亚、卢旺达和乌干达，从西边注入非洲第一大湖维多利亚湖。尼罗河干流就源起该湖，称维多利亚尼罗河。河流穿过基奥加湖和艾伯特湖，流出后称艾伯特尼罗河，该河与索巴特河汇合后，称白尼罗河。另一条源头出自中央埃塞俄比亚高地的青尼罗河，它与白尼罗河在苏丹的喀士穆汇合，然后在达迈尔以北接纳最后一条主要支流阿特巴拉河。尼罗河由此向西北绕了一个S形，经过三个瀑布后注入纳塞尔水库。河水出水库经埃及首都进入尼罗河三角洲后，分成若干支流，最后注入地中海东端。

历史典故

“尼罗河”名字的由来

“尼罗河”一词在2 000多年前就已经出现。关于这条河流名字的由来有两种不同的说法：

一是来源于拉丁语“尼罗”，意思是“不可能”。因为尼罗河中下游地区很早以前就有人居住，但是由于瀑布的阻隔，使得中下游地区的人们认为要了解河源是不可能的事情，故把该河流称作“尼罗河”。

二是认为“尼罗河”一词是由古埃及法老（国王）尼罗斯的名字演化来的。“尼罗河”在阿拉伯语意为“大河”。“尼罗，尼罗，长比天河”，是苏丹人民赞美尼罗河的谚语。

讲解——尼罗河的分段

按照河流流经不同地区的地质和水文特点，把尼罗河分为上、中、下三段：

1. 上游段

苏丹的尼穆莱以上为上游河段，长 1 730 千米，自上而下分别称为卡盖拉河、维多利亚尼罗河和艾伯特尼罗河。

尼罗河源自布隆迪的鲁武武河，与尼亚瓦龙古河汇流后称卡盖拉河，流经卢旺达和坦桑尼亚与乌干达的边界地区，后注入维多利亚湖。自维多利亚湖北端流出后称维多利亚尼罗河，流入尼罗河流域水系后，不久流入基奥加湖。又向西经一段流程注入艾伯特湖，出艾伯特湖后向北流称艾伯特尼罗河，接纳由右岸汇入的阿帕盖尔河，过尼穆莱峡谷后即进入苏丹平原。

2. 中游段

从尼穆莱至喀土穆为尼罗河中游，长 1 930 千米，这段称为白尼罗河。从尼穆莱至马拉卡勒河段又称杰贝勒河。朱巴以下 900 千米河段所流经的地区是苏德沼泽区。出沼泽区后自右岸接纳索巴特河，河流径流量倍增。此后直至喀土穆河流两岸多为半荒漠地区。从尼穆莱至喀土穆全程 1 930 千米，落差 80 米。

3. 下游段

白尼罗河和青尼罗河汇合后称为尼罗河，属下游河段，长约 3 000 千米。尼罗河穿过撒哈拉沙漠，在开罗以北进入河口三角洲，在三角洲上分成东、西两支注入地中海。

尼罗河的文明

尼罗河流域是世界文明发祥地之一，这一地区的人民创造了灿烂的文化，在科学发展的历史长河中做出了杰出的贡献，突出的代表就是古埃及。尼罗河文明即古埃及文明，产生于约公元前 3000 年。埃及位于亚非大陆交界地区，在与苏美尔人的贸易交往中，深受激励，形成了富有自己特色的文化。

◆古老的尼罗河畔

提到古埃及的文化遗产，人们首先会想到

尼罗河畔耸立的金字塔、尼罗河盛产的纸草、行驶在尼罗河上的古船和神秘莫测的木乃伊。它们标志着古埃及科学技术发展的高度，同时也见证了数千年文明发展的历程。

知识库——埃及的金字塔和纸草

◆狮身人面像

金字塔是古埃及劳动人民智慧和汗水的结晶。金字塔是法老的陵墓，底座呈四方形，越往上越狭窄，至塔端成为尖顶，形似汉字的“金”字，故中文译为金字塔。在埃及境内现有金字塔七八十座，其中最大的第四王朝法老胡夫（约公元前2590～公元前2568年在位）的金字塔，是古代世界七大奇观中唯一现存的古迹。

纸草是一种形状似芦苇的植物，盛产于尼罗河三角洲。茎呈三角形，高约五米，近根部直径6至8厘米。使用时先将纸草茎的外皮剥去，用小刀顺生长方向切割成长条，并横竖互放，用木槌击打，使草汁渗出，干燥后，这些长条就永久地粘在一起，最后用浮石擦亮，即可使用，成为当时最先进的书写载体——纸莎草纸，比我国蔡伦的纸还早一千多年，成为后世学者研究古埃及文明的重要证据。但由于纸草不适宜折叠，不能做成书本，因此须将许多纸草片粘成长条，并于写字后卷成一卷，就成了卷轴。

◆尼罗河盛产的纸草

古埃及在文化、航海、天文学和数学等方面所作出的杰出贡献，足以和两河文明相媲美。在天文学上，他们创造了人类历史上最早的太阳历，把一年确定为365天。现在世界上通用的公历，其渊源来自于此。古埃及人很早就采用了十进制记数法。在几何学方面，埃及人已知道圆面积的计算方法，但却没有圆周率的概念。他们还能计算矩形、三角形和梯形的面积，以及立方体、箱体和柱体的体积。埃及的医学成就比美索不达米亚突出。埃及人制作的木乃伊（经过特殊处理的风干尸体），与他们的金字塔一样，举世闻名。

尼罗河上的古迹

埃及是一个有着 7 000 年历史的国家，尼罗河两岸历史遗迹诉说着这个国家曾经辉煌的文明，这些遗迹也吸引着无数世界各地的游客前来游历探秘。很多到过埃及的游客都会去瞻仰金字塔。但其实除了金字塔外，大量散落在尼罗河沿岸和西部沙漠中的各类巧夺天工的古代神庙也值得人们去游赏。

广角镜——古迹简介

1. 亚历山大灯塔

世界七大奇迹之一的亚历山大灯塔遗址坐落在亚历山大市滨海大道西端的法罗斯岛上，这座海岛在古代与海岸隔海相望，在托勒密王朝时筑起长堤与海岸连在一起成半岛。灯塔修建于公元前 279 年的托勒密二世时期，是为航海船只指示方向的标志。塔高 120 米，后来灯塔倒塌。直到 1480 年，当时的苏丹卡特巴为防御土耳其人从海上进攻，在原灯塔的遗址上筑起一座城堡并用自己的名字命名它。传说城堡的基石就是用当年灯塔的石料。

◆亚历山大灯塔

2. 世界最大神庙建筑群

◆卡尔奈克神庙

在河的东岸紧靠卢克索镇则有世界上最大的神庙建筑群——卡尔奈克神庙，更确切地讲，这里是个系列神庙的组合建筑。是古埃及自中王国（公元前 2000 年左右）到希腊托勒密十一世（公元前 51 年～公元前 80 年）近两千多年建筑艺术的组合，是法老们献给太阳神、自然神、月亮神的庙宇群，是古埃及帝国遗留的最壮观的神庙，因其浩大的规模而闻名世界。

3. 国王谷

◆国王谷

神秘的 64 位君主的陵墓在山岩裸露的荒漠，这里没有生灵，只有无尽的黄沙和死一般的沉寂。从新王国第十八朝的阿蒙诺菲斯一世（公元前 1541 年～公元前 1493 年）起，为对付盗墓者，十八王朝到二十王朝时期的 64 位君主们就在这无际的荒漠山谷秘密建造自己的陵墓作为长眠之所，这一带被后人称为国王谷。目前这里共发掘出 62 座墓室，对外开放的有 17 处。大部分墓室的入口均十分隐蔽，窄窄倾斜的墓道伸入地下深数十米不等，两旁及不大的墓室四周绘满色彩鲜艳的壁画和象形文字，内容均为表现宗教主题居多。在国王谷附近，还有专门埋葬同时期的王后和夭折王子的王后谷，但规模要小得多。

尼罗河的水资源

由于尼罗河流经不同的自然带，水资源的分布亦呈现明显的纬度地带性。流域径流资源总的趋势是由南往北递减。同时，由于非地带性因素的

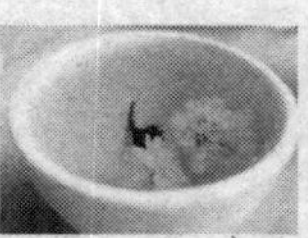

影响，对水资源的纬向分布产生干扰，在流域内形成最主要的水源区（埃塞俄比亚高原）和最大的耗水区（苏丹南部广大沼泽），从而改变了尼罗河流域水量平衡状况。在地带性和非地带性因素的综合作用下，尼罗河流域水资源的空间分布极不均衡，地域差异十分明显。

尼罗河流域是水资源短缺的地区。限于流域内各国经济发展水平，目前水资源的利用仍以农田灌溉为主，而且除埃及以外，水资源短缺问题尚不突出，但近年来，随着尼罗河流域国家的人口增长和工农业发展，各国对水的需求与日俱增，水资源出现短缺，水资源的分配已逐渐成为一个国际政治问题。因此，流域各国应本着平等互利的原则，加强国际合作、共同合理地开发水资源。另外，尼罗河流域是一个涉及许多国家的地理单元，流域水资源的开发利用应有一个统一的规划。从总的发展趋势看，尽管矛盾和困难很多，但是流域各国已有经过协商合理分配水资源的先例，今后只要进一步加强协商合作，存在的矛盾可望得到解决。

1. 举例说明西方哪些文明发源于尼罗河。
2. 尼罗河孕育了西方文明，了解它流经的一些国家的风土人情。
3. 尼罗河水资源的紧缺是什么原因造成的？

湖光秋月两相和，潭面无风镜未磨
——湖泊

湖泊的存在，又给地球增加了一道亮丽的风景。湖泊分布广泛，在地球的很多地方我们都可以看见它的身影，有的静静地躺在山巅，有的置身于闹市，它们各有各的由来，各有各的特色，各有各的风情。只有走近它，我们才能感受到它的平静，它的从容。烦躁的人走近它，也能恢复内心的平静，它的美需要用心去感受。

◆美丽的湖泊

让我们一起用平静的心去感受湖泊的美。

湖泊的形成

◆长白山天池

世界上的湖泊星罗棋布，像一颗颗晶莹的蓝宝石镶嵌在陆地表面，使地球更加绚丽多彩。然而，你知道这些湖泊是怎样形成的吗？

要想了解湖泊的成因，必须从湖泊的结构说起。湖泊是在一定的地理环境下形成和发展的，并且与环境等因素之间进行着相互作用。但是，不论湖泊是怎样形成的，它都必须具备两个最基本的条件：一是洼地即湖盆，二是湖盆中

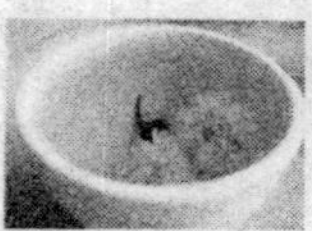

所蓄积的水体。有了低洼的湖盆，才会积水成湖，所以湖盆是湖泊形成的基础。湖盆是大自然雕琢而成的，内力作用（如地壳运动、火山活动等来自地球内部的力引起的）可形成湖盆；外力作用（如流水、风等来自地球外部的力引起的地质作用）也可塑造湖盆，湖盆里积上水就成了湖泊。并且根据湖盆的形状和特性，不仅可以直接或间接地看出湖泊是怎样形成和演变的，而且在很大程度上还决定着湖水的物理化学性质和生物种类。因此，在地理学中，通常以湖盆的成因作为湖泊分类的主要依据。

知识库——湖泊的分类

湖盆的形成主要来自地球上的内力和外力作用，由此，我们可以把湖泊分为以下几种类型：

由熔岩流阻塞河谷可形成湖泊。此外地震、山崩、泥石流等作用也可形成湖泊，这类湖泊叫堰塞湖。如我国的镜泊湖和五大莲池都属这种类型。

◆五大连池

由于地壳运动，造成局部断裂或下陷，而积水成湖，这种湖叫构造湖，特点是湖水较深、湖面宽广。我国的滇池、青海湖，还有非洲著名的坦噶尼喀湖都属此种。火山喷发后的火山口，天长日久，积水成湖，这样的湖叫火口湖。火口湖多成圆形，湖岸陡峭，湖水也很深。如长白山天池就是这样的火口湖。

◆太湖

由于河流或浅海泥沙的沉积作用，造成局部低洼地形，积水成湖。这种湖泊叫沉积湖，多分布在河流三角洲和沿海地带。如我国的太湖、西湖就是海湾逐渐被泥沙淤积与海隔离而形成的湖泊。

由风力作用形成的风蚀洼地或沙丘间的低地形形成的湖泊，叫风成湖。这类湖泊一般面积较小，湖水较浅，随着水源的变动而移动，所以又叫游移湖。我国新疆和内蒙地区均有这类湖泊分布。

在可溶性岩石（石灰岩、白云岩等）地区，地下水的溶解作用形成的溶蚀湖。这类湖泊形如漏斗，湖面较小，排列分散零乱。还有，就是由冰川磨蚀作用和冰碛物（随冰川运动被搬运和堆积下来的碎屑物质）堆积而成的冰川湖，其特点是形状多样，湖岸曲折。我国青藏高原就有这样的冰川湖分布。

广角镜——依据含盐量给湖泊分类

湖水含盐量是衡量湖泊类型的重要标志，通常把含盐量或矿化度达到或超过 50 克/升的水，称为卤水或者盐水。所以，把湖水含盐量 50 克/升作为划分盐湖或卤水湖的下限标准。依据湖水含盐量或矿化度，将湖泊划分为六种类型：

淡水湖：湖水矿化度小于或等于 1g/1；

微（半）咸水湖：湖水矿化度大于 1g/1，小于 35g/1；

咸水湖：湖水矿化度大于或等于 35g/1，小于 50g/1；

盐湖或卤水湖：湖水矿化度等于或大于 50g/1；

干盐湖：没有湖表卤水，而有湖表盐类沉积的湖泊，湖表往往形成坚硬的盐壳；

砂下湖：湖表面被砂或粘土粉砂覆盖的盐湖。

湖水的特性

1. 湖水的辐射和光学特性

湖水温度由湖水的辐射特性决定，且湖水的辐射特性还决定和影响着湖水物理化学性质的分布，而湖水中各种生物的繁殖、生长和发展也都与湖水辐射特性有关。

射在湖面的太阳光部分进入水体，部分被反射。进入水体内的太阳光部分被吸收，部分被散射，即使在浅水湖泊中也只有很少一部分透过水层被湖吸收。

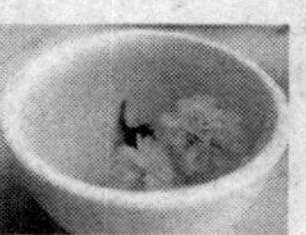

讲解——湖水对光的吸收

射入湖水中的太阳光极大部分为水的最上层所吸收，只有1%～30%达到1米深处的水层，透入5米深处的只有5%左右，而进入10米深处的不足1%。湖水吸收太阳光和使太阳光散射的能力与水中的各种悬浮质的数量和颗粒大小有关，悬浮质越多、颗粒越大，对光的吸收和散射能力越强，同时散射到水面的分量也越小。光线透入水中的深度，随湖水的混浊度增加而减少。在浑浊不清的湖水中光线只能深入数米，而在清澈的湖水中，200米深水中尚能存在微弱的光线。

◆清澈的湖水

2. 湖水的化学特性

湖水的化学类型反映了随着湖水含盐量变化而引起的水质变化过程。根据湖水所含主要离子的种类不同，湖水通常分为碳酸盐水、硫酸盐水和氯化物水等。湖水含盐量地区差异悬殊，也有随着季节变化而变化。中国的淡水湖泊主要集中在长江中、下游平原；咸水湖和盐湖主要分布在青藏高原、内蒙古和新疆地区。湖水中的溶解氧、游离二氧化碳，以及水中氮、磷、硅、钾、锌、铁等生物营养元素和有机质的含量，对于湖中水生生物具有特别重要的意义。

◆美丽的盐湖

3. 湖水的热学特性

湖面能吸收太阳光，获得热量，而因为水面蒸发、水面的有效辐射和与大气的对流热交换等而失去热量，湖泊就是这样进行着热量的输送和交换。由于湖泊热量平衡的某些要素（如湖泊蒸发率）不易精确测定，因而通常用湖水的温度来表征湖中的热动态。太阳辐射主要是增高湖水表层的温度，而下层湖水的温度变化则主要是湖水对流和紊动混合造成的。

湖泊的资源

◆湖泊爆发蓝藻

湖泊是重要的国土资源，具有调节河川径流、灌溉农田、提供工业和饮用的水源、繁衍水生生物、沟通航运，改善区域生态环境以及开发矿产等多种功能，在国民经济的发展中发挥着重要作用。湖泊也是地球表层系统各圈层相互作用的联结点，是陆地水圈的重要组成部分，与生物圈、大气圈、岩石圈等关系密切，具有调节区域气候、记录区域环境变化、维持区域生态系统平衡和繁衍生物多样性的特殊功能。近几十年来，随着全球气候变暖和人类活动的加剧，造成湖泊面积缩小、污染加剧、可利用水量减少、生态与环境日趋恶化、灾害频发、经济损失剧增。太湖、巢湖、滇池相继爆发蓝藻危机，使湖泊问题再度引起公众的注意。

小资料——湖泊的分布

世界湖泊分布很广，中国湖泊众多，面积大于1平方千米的约2 300个，总面积达71 000多平方千米。根据不同的测算方法，还有一种说法认为，面积大于1平方千米的有2 848个，面积为83 400平方千米。

因为湖泊的广泛存在，湖水成了全球水资源的重要组成部分。地球上湖泊（包括淡水湖、咸水湖和盐湖）总面积约为2 058 700平方千米，总水量约

176 400立方千米，其中淡水储量约占52%，约为全球淡水储量的0.26%。湖水可以不断更新，不同湖泊的更新周期不一，湖水更换期的长短取决于其容积和入湖、出湖年径流量。中国鄱阳湖水更新一次仅9.6天，太湖水更新一次约299天。湖泊淡水储量的地区分布很不均匀，贝加尔湖、坦噶尼喀湖和苏必利尔湖等40个世界大湖储存的淡水量占全球湖泊淡水总量的4/5。中国的鄱阳湖、洞庭湖、太湖、巢湖和洪泽湖的淡水总量约为553亿立方米。

◆中国的湖泊分布情况

1. 我国湖泊分布广泛，能根据不同的形成原因对它们进行分类吗？

2. 近年来，由于多种原因，使湖泊问题更加严重，例如：蓝藻危机，这些问题对人类和生态有什么影响？

星罗棋布　千姿百态
——我国各具特色的湖泊

我国的湖泊风情万种，美不胜收。鄱阳湖浩淼无垠，碧波万顷，浩浩荡荡，“落霞与孤鹜齐飞，秋水共长天一色”是它的真实写照；素有“八百里洞庭”美称的洞庭湖，因为它的富庶，被称作湖湘人民的“鱼米之乡”；西湖的美，因为它如诗如画的美景，更因为《白蛇传》的美丽传说。

每个湖泊有每个湖泊的特色，下面让我们一起去感受鄱阳湖的广阔，洞庭湖的富饶，西湖的凄美！

◆美丽的湖泊

鄱阳湖

◆烟波浩淼的鄱阳湖

在长江中游和下游的交界处，纵卧着我国最大的淡水湖——鄱阳湖。鄱阳湖烟波浩淼，碧波万顷，承纳了赣江、抚河、信江、修水和饶河等五河之水，北注长江，汇入大海。

鄱阳湖湖面范围北起湖口，南达三阳，长达 173 千米；西起关城，东达波阳，宽约 74 千米。南宽北狭，形似葫芦，葫芦的长颈是一条狭长的通往长江的港道。

王勃的《滕王阁诗序》“落霞与孤鹜齐飞，秋水共长天一色。渔舟唱晚，响穷彭蠡之滨……”中，将一个碧波万顷、水天相连、渺无际涯的鄱阳湖呈现在世人眼中。千百年来，鄱阳湖哺育着江西人民，也以她秀丽的景色吸引着众多的游人。

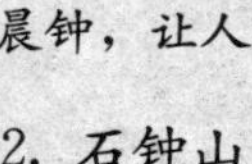

观光旅游——鄱阳湖的美丽风光

1. 鞋山拾趣

湖上风光在西鄱湖“葫芦颈”一带最佳。在“颈”的深处，北离湖口不远，碧波中突起一座小石岛，名为大孤山，与长江又一石岛（小孤山）遥遥相对。

大孤山一头高一头低，远望似一只巨鞋浮于碧波之中，故又称“鞋山”。它高出湖面约 70 米，周长百余米，峻峭秀丽，古时有“蓬莱仙岛”之称。山上劲松挺拔，绿树葱郁，林中有一座美丽的古代建筑——天花宫，殿宇雄伟，塑像辉煌，平日暮鼓晨钟，让人神往。

◆鞋山夕照

2. 石钟山

在鄱阳湖湖口的东南岸，巍然耸立着石钟山。它虽然高不过 50 余米，但危崖临流，峻峰壁立。石钟山，实际上不是一座山，而是两座山，都由石灰岩构成，下部均有洞穴，形如覆钟，面临深潭，微风鼓浪，水石相击，响声如洪钟，故皆名为“石钟山”。两山分据南北，相隔不到 1 000 米。南面一座濒临鄱阳湖，称上钟山；北面一座濒临长江，称下钟山。两山合称“双钟山”。

◆石钟山

3. 珍禽王国

◆鄱阳湖的白鹤

鄱阳湖国家级自然保护区以永修县吴城镇为中心，纵横永修、星子、新建等县，管辖鄱阳湖内的九个湖泊，总面积224平方千米。如今，保护区内鸟类已达200多种，上百万只，其中珍禽20多种，已是世界上最大的鸟类保护区。尤其可喜的是在这里发现了当代世界上最大的白鹤群以及白枕鹤、白头鹤、灰鹤等，因此，鄱阳湖被称为“白鹤世界”、“珍禽王国”。

洞庭湖

◆洞庭湖

洞庭湖是中国五大淡水湖之一，为我国第二大淡水湖，是长江中游重要的吞吐湖泊。湖区位于荆江南岸，跨湘、鄂两省。湖中心有座葱翠常绿的小山，名叫洞庭山，洞庭湖便因此而得名。

洞庭湖是湖南的鱼米之乡，养育了无数的湖湘人民，素有“八百里洞庭”的美称，自然景色也是美不胜收。

观光旅游——洞庭美景

1. 君山

君山在岳阳市西南15千米的洞庭湖中，是一座面积不足1平方千米的小岛。

原名洞府山，意为“神仙洞府之庭”。关于这座山还有一个美丽的传说，据说这座“洞庭山浮于水上，其下有金堂数百间，玉女居之，四时闻金石丝竹之声，砌于山顶”。后因舜帝的两个妃子娥皇、女英葬于此，屈原在《九歌》中称之为湘君和湘夫人，故后人将此山改名为君山。

◆君山

君山与岳阳楼遥遥相望，是中国重点风景名胜区。这里，湖光因山色生胜，风景与名胜争妙：洞庭秋月、君山银针、湘妃竹、金龟，和铸鼎台、秦皇印、酒香亭、柳毅井、飞来钟等文物古迹，名动天下。

2. 龙涎井

说到龙涎井，其由来已久。因为君山地形酷似乌龙卧水，龙涎井前方为龙口，张口向南，两边钳形山嘴，岩壁拱护，为龙的上、下腭，中间的小山为龙舌头，山势平舒，形态逼真，此山因此得名。龙舌山下有一口井，相传这里的井水清澈纯净，四时不涸，是龙舌头上面一点点滴下的涎水，故称“龙涎井”。这一富有传奇色彩的雅名，对君山的地形作了形神毕现的生动概括。

西　湖

杭州西湖位于浙江省杭州市的西部，它以其秀丽的湖光山色和众多的名胜古迹而闻名中外，是我国著名的旅游胜地，也被誉为“人间天堂”。苏堤和白堤将湖面分成里湖、外湖、岳湖、西里湖和小南湖五个部分。1982 年西湖被确定为“国家风景名胜区”，1985 年被选为“全国十大风景名胜”。

◆西湖

西湖古称“钱塘湖”，又名“西子湖”。宋代词人苏轼有诗云：“欲把西湖比西子，淡妆浓抹总相宜。”西湖，是一首美丽的诗，一幅天然的画，一个美丽动人的故事，它的美让人陶醉，让人留恋。

小资料——西湖美景

1. 曲院风荷

曲院风荷位于西湖西侧，岳飞庙前面。南宋时，此处有一座官家酿酒的作坊，取金沙涧的溪水造曲酒，闻名国内。附近的池塘种有菱荷，每当夏日风起，酒香荷香沁人心脾，因得名“曲院风荷”。曲院风荷最引人注目的是赏荷。

◆曲院风荷

2. 雷锋夕照

“雷峰夕照”是西湖十景之一，位于西湖湖南、净慈寺前的夕照山上，因晚霞镀塔，佛光普照而闻名。

雷峰塔建于五代，是吴越国王钱弘俶为庆祝黄妃得子而建，初名黄妃塔。

雷峰塔之所以远近闻名，与民间传说《白蛇传》有很大的关系。《白蛇传》的传说家喻户晓，源远流长，是中国四大民间传说之一。而正是这一凄美的传说，给如画的江南、水墨西湖带来了神秘的色彩，让人产生了无尽的幻想和轻幽的叹息。

◆雷峰夕照

3. 断桥残雪

断桥残雪是西湖上著名的景色，以冬雪时远观桥面若隐若现于湖面而称著，属于西湖十景之一。

断桥位于杭州市西湖白堤的东端，背靠宝石山，面向杭州城，是外湖和北里

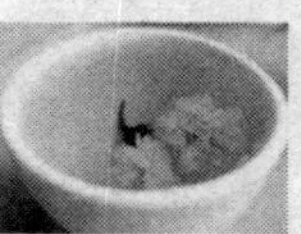

湖的分水点。断桥地势较高视野开阔，是冬天观赏西湖雪景的最佳去处。最早记载“断桥残雪”的是唐朝的张祜，他在《题杭州孤山寺》云：“断桥荒藓涩，空院落花深。”

◆断桥残雪

我国的湖泊除了以上介绍的之外，还有很多的湖泊，如太湖、千岛湖、青海湖等，它们各有千秋，又各具风韵，它们不仅有着美丽的自然风光，还给我们提供了丰富的自然资源，它们的存在，使我们的地球变得更加秀美。

拓展思考

1. “西湖十景”，你知道是哪十个景观吗？
2. 关于西湖的诗句，你能说出哪些？

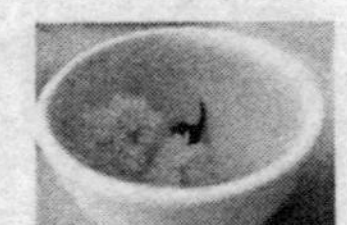

死海不“死”——死海

◆蓝色的死海

美丽神秘的死海，地处约旦和以色列交界处。约旦，一个深深掩藏在沙漠里的国度；以色列，是三大宗教的发源地，到处是神的足迹。死海的地理位置，注定了它是一片吸引人的地方。

在中学时，我们学习了一篇课文，名为《死海不“死”》，从此对死海更充满了好奇和向往。

今天我们将带着好奇，踏着大漠的驼铃声，去感受约旦和以色列的古老文明，去欣赏死海的美丽风景。

死海由来

—————— 1947年11月联合国安理会决议所规定的“犹大国”(以色列)疆域。

+ + + + + 1949年巴勒斯坦地区以色列和阿拉伯国家的停战界线。

◆死海地图

死海其实并不是海洋，它是世界上最低的湖泊，位于约旦和以色列交界处，湖面海拔−422米，死海的湖岸是地球上已露出陆地的最低点，湖长67千米，宽18千米，最大深度395米，面积1 049平方千米。死海也是世界上最深的咸水湖，含盐量极高，为一般海水的8.6倍。死海的盐分高达30%，也是地球上盐分居第二位的水体，只有吉布提的阿萨勒湖的盐度超过死海。

知识链接——“死海”名字的由来

死海，原来在希伯来语中被称为“盐海”，死海湖中及湖岸均富含盐分，在这样的水中，鱼儿和其他水生物都难以生存，水中只有细菌和绿藻；岸边及周围地区也没有花草生长，故人们称之为“死海”。死海湖水密度比人的密度大，因此人们可以像躺在床上一样仰卧在死海水面上，即使不会游泳的人，也不会淹死。

死海的形成，是由于流入死海的河水不断蒸发、矿物质大量下沉造成的。形成这种情况的原因主要有两条：其一，死海一带气温很高，夏季平均可达 34℃，最高达 51℃，冬季也有 14℃～17℃。气温越高，蒸发量就越大；其二，这里干燥少雨，年均降雨量只有 50 毫米，而蒸发量是 140 毫米左右，入不敷出，死海变得越来越“稠”，沉淀在湖底的矿物质越来越多，咸度越来越大。于是，经年累月，便形成了世界上最咸的咸水湖之一——死海。

◆夕阳下的死海

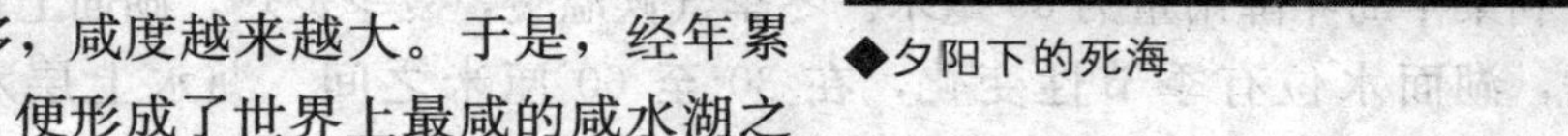

小故事——关于“死海”由来的传说

远古时候，这儿原来是一片大陆。村里男子们有一种恶习，先知让鲁特劝他们改邪归正，但他们拒绝悔改。上帝决定惩罚他们，便暗中谕告鲁特，叫他携带家眷在某年某月某日离开村庄，并且告诫他离开村庄以后，不管身后发生多么重大的事故，都不准回过头去看。鲁特按照规定的时间离开了村庄，走了没多远，他的妻子因为好奇，偷偷地回过头去望了一眼，转瞬之间，好端端的村庄塌陷了，出现在她眼前的是一片汪洋大海，这就是死海。她因为违背上帝的告诫，立即变成了石人。虽然经过多少世纪的风雨，她仍然立在死海附近的山坡上，扭着头日日夜夜望着死海。上帝惩罚那些执迷不悟的人们：让他们既没有淡水喝，也没有淡水种庄稼。

这当然只是神话传说，是人们无法认识死海形成过程的一种想象。其实，死海是一个咸水湖，它的形成是自然界变化的结果。

死海的地貌和气候

◆卫星拍摄的死海图片

死海位于约旦——死海地沟的最底部，是东非大裂谷的北部延续部分。这是一块下沉的地壳，夹在两个平行的地质断层崖之间。死海形成在大裂谷地区，像是一个巨大的集水盆地。

西岸为犹太山地，东岸为外约旦高原。约旦河从北注入。湖东的利桑半岛将该湖划分为两个大小深浅不同的湖盆；北面的较大，包括该湖总表面面积的3/4左右，南面的小而浅。

死海位于沙漠中，降雨极少且不规则。利桑半岛年降雨量为65毫米。冬季气候温暖，夏季炎热，湖面上雾气腾腾，湖面水位有季节性变化，在30至60厘米之间。湖水上层水温19℃～37℃，底层水温22℃。

广角镜——死海的资源

死海中虽然没有任何水生动植物，但对人类的照顾却是无微不至的，因为它会让不会游泳的人在海中游泳。任何人掉入死海，都会被海水的浮力托住，这是因为死海海水的密度大于人体的密度，所以人就不会沉下去。但在死海游泳，千万不能扑通一声跳下去，因为海水溅入眼睛可不是好玩的事情。此外，岸边的结晶体坚硬带刺状，很容易划破皮肤。但是如果有伤口，经过死海盐浴后伤口会好得更快。另外，大部分死海海滩都是颗粒较大的鹅卵石沙滩，不常打赤脚走路的人，在沙滩上站起来可能会不舒服，所以去死海观光，在欣赏它的美景之余，一定要好好照顾自己。

死海的海水不但含盐量高，而且富含矿物质，常在海水中浸泡，可以治疗关节炎等慢性疾病。因此，每年都吸引了数十万游客来此休假疗养。

死海海底的黑泥含有丰富的矿物质，成为市场上抢手的护肤美容品。由于海泥具有健身美容的特殊功效，使它成为以色列和约旦两国宝贵的出口产品。死海是世界上最早的疗养圣地，湖中大量的矿物质具有一定安抚、镇痛的效果。

死海真的不“死”?

死海是世界上盐度最高的天然水体之一，有着丰富资源的死海却在日趋干涸，从1947年至今的大约50多年的时间里，死海面积减少了近30%，所以死海面临着水源枯竭的危险。据美国物理学家组织网报道，德国达姆施塔特科技大学的研究人员认为，死海的水位正伴随着严重的环境污染以惊人的速度下降，如果这一趋势得不到遏制，死海干涸不是没有可能。

◆海平面快速下降，死海将“死”

知识库——死海海平面下降的原因

死海海平面下降的原因主要有两个：从20世纪60年代中期以来，以色列开始截流或分流哺育死海的约旦河及贾卢德河、法里阿河、奥贾河、扎尔卡河和耶尔穆克河的河水，致使流入死海的河流水量剧减，造成了死海较50多年前，湖面下降了约17米；另一个原因是由于日光照射使湖水温度升高，从而导致湖水蒸发量加大，特别是在夏季，死海湖水的蒸发量也是世界最大的。此外，死海

◆人可以漂浮在死海海面上

缓慢死亡的原因还归咎于沿岸国对死海东西岸诸如钾、锰、氯化钠等自然资源的过量开采。

因此，正在计划修建的从死海到红海或从地中海到死海的人工水道，需要有非常大的流量，才能把足够的水送到死海，让它再次达到以前的水位，并可以持续地发电，通过脱盐处理产生淡水。最近发表在《自然科学》上的研究报告指出，死海水位下降不是气候变化所致，一定程度上是由人们对水的需求越来越大造成的。

死海的实际情况不容乐观，它的面积正日益缩小，而地质假说还没有更多的事实加以论证。因此，死海的未来仍然是一个难解的谜题。

知识链接——中国的“死海”

◆中国死海

“中国死海”位于四川省大英县蓬莱镇，它形成于1.5亿万年前地球的两次造山运动，在四川省遂宁市大英县形成地下古盐湖盆地，其天然海水储量高达42亿吨，含盐量超过22%，和中东的“死海”类似，并且同样位于神秘的北纬30度。人在水中漂浮不沉，故誉为“中国死海”，是地球上的又一神奇的景观。其海水来源于3000米深的地下，出口温度高达87℃，含盐量超过了22%，以氯化盐为主，海水中富含钠、钾、钙、溴、碘等40多种矿物质和微量元素，经国家有关权威机构验证，对风湿性关节炎、皮肤病、肥胖症、心脑血管疾病、呼吸道疾病等具有显著的理疗作用，据联合国教科文组织有关研究资料显示，人在死海中漂浮1小时，可以达到8个小时睡眠的功效。

碧海追踪——海洋的诞生

◆蔚蓝的大海

喜欢海水的蓝色，因为它让人感受到大海的深邃；喜欢大海的广阔无边，因为它的宽广让人领会了“海阔凭鱼跃”的真正含义；喜欢大海的汹涌澎湃，因为它让我感受到了大自然的无穷力量；喜欢大海“海纳百川”的胸怀，因为它让人有了“退一步海阔天空”的胸襟。

最初的生命诞生于海洋，那么海洋是怎么形成的呢？我们踏着海浪，听着涛声，去追溯大海的由来。

海洋的诞生

◆星空图

海洋是怎样形成的？海水是从哪里来的？

现在的研究证明，大约在 50 亿年前，从太阳星云中分离出一些大小不同的星云团块。它们在运动过程中，互相碰撞，有些团块彼此结合，由小变大，逐渐成为原始的地球。

在很长的一个时期内，天空中水汽与大气共存于一体，随着地壳逐渐冷却，大气的温度也慢慢地降低，水汽以尘埃与火山灰为凝结核，变成水滴，越积越多。由于冷却不均，空气对流剧烈，形成雷电狂风，暴雨浊流，一直下了很久。滔滔的洪水，通过千川万壑，汇集成巨大的水体，这就是原始的海洋。经过水量和盐分的逐渐增加，及地质历史上的沧桑巨变，原始海洋逐渐演变成今天的海洋。

小知识——海洋文化

◆祭海

大海广阔无边，变化莫测，它不仅是生命的发源地，也给我们人类提供了宝贵的自然资源。怀着对大海的感激之情，人们对海洋进行膜拜和祭祀，由于传统和习俗不同，形式多种多样，如祭海。

祭海，我国沿海地区人们民间的一种祭祀活动。祭海的历史源远流长，据史料记载，早在夏商周时期，帝王就对大海祭礼。

祭海在每年开春之际，一般选正月十三，渔船出海捕鱼，必先祭祀海神，也称摆“顺风酒”。除了正月祭海，一般在农历六月十三，即为春夏捕鱼结束之后，再次举行祭海活动，这是为了庆贺春夏捕鱼丰收，向大海谢恩。若是歉收，更需向海神祈求恩惠，保佑秋冬开捕时夺取大丰收。

小故事——美人鱼的传说

◆漂亮的美人鱼

世界各地有着许多关于美人鱼的传说，十分美丽动人。

据说有一天，一艘威尼斯商船正从印度返航，当天夜晚，皓月似银，海平如镜，水手们忽然看见水面远处出现一个人身鱼尾的美人，裸着胸怀，抱着恬静吸奶的婴儿。但等到他们驶近，却什么也不见了。这仅仅是人们对大海的一种美好想象，美人鱼是否真的存在还有待考证。

美人鱼的古老传说，跨越了文化、地域和世纪，在世界上广泛传播。美人鱼的离奇故事激发了人们丰富的想象力。

海洋与气候的关系

海洋在全球气候系统中发挥着举足轻重的作用，它通过与大气进行交换和水循环等作用在调节和稳定气候上发挥着决定性作用，被称为地球气候的“调节器”。

◆可怕海啸

占地球面积71%的海洋是大气热量的主要供应者，海洋也是大气中水蒸气的主要来源，海洋的蒸发量大约占地表总蒸发量的84%。所以，海洋的热状况和蒸发情况直接左右着大气的热量和水汽的含量与分布。同时，海洋还吸收了大气中40%的二氧化碳，而二氧化碳正是导致地球“温室效应”的罪魁祸首。

气候的变化也会对海洋造成巨大影响。气温上升导致海平面和海水温度随之升高，而海洋对二氧化碳的过度吸收则引发了海水酸化，这些都对海洋和海岸生态系统造成破坏。

丰富的海洋资源

海洋占地球表面积的70.8%，全球海洋资源非常丰富，海洋对于人类来说是一个巨大的宝库。

◆海洋的鱼类

海洋有着丰富的水资源，加强对海水资源的开发利用，进行海水淡化，是解决沿海和西部苦咸水地区淡水危机和资源短缺问题的重要措施。我们还可以利用海水进行发电，从海水中提取燃料，如铀和重水等。

◆潮汐能

海洋里生长着很多藻类，把这些藻类加工成食品，能为人们提供充足的蛋白质、多种维生素以及人体所需的矿物质。同时，海洋里的很多生物具有药用价值，如用鳕鱼肝制成的鱼肝油，可治疗维生素 A、D 缺乏症；海蛇毒汁可治疗半身不遂及坐骨神经痛等。

海底还有大量的矿产资源和石油天然气。海洋中的潮汐能、波浪能、海流能、热能、盐度能等都是清洁能源，储量巨大，随着科学技术的发展，这些资源均将直接造福于全人类。

轶闻趣事——海洋里的奇怪现象

◆海狮正在表演

许多动物对音乐比较敏感，所以在海洋世界中出现了一些有趣的现象。它们能跟着音乐作出不同的表现。

海狮是“智商”最高的动物之一，但学会演奏名曲的海狮，却唯有日本伊豆半岛三津海洋动物园的一只海狮。这只海狮经过训练，学会了用下腭触击钢琴琴键，连续不断地奏出乐音。

人们常说：“大千世界，无奇不有”，我们一直认为“水火难相容”，但更有趣的是大海里却出现了火光。

这种海水发光现象被人们称为“海火”。海火常常出现在地震或海啸前后。1976 年 7 月 28 日唐山大地震的前一天晚上，秦皇岛、北戴河一带的海面上也有这种发光现象。

海火是怎样产生的呢？一般认为是水里会发光的生物受到扰动而发光所致。人们推测，当海水受到地震或海啸的剧烈震荡时，便会刺激这些生物，使其发出

异常的光亮。一些人认为，海火作为一种复杂的自然现象，很可能有着多种成因机制，由不同机制产生的海火，有着不同的特征，所以“海火”至今仍然是个未解的谜题。

◆神奇的海火

拓展思考

1. 我们经常说“海洋”，“海”和“洋”本是一家吗？

2. 海洋的面积巨大，资源丰富，有哪些资源可供我们开发和利用？你能提出点建议吗？

无风不起浪？——海浪

◆海浪

大海因为有了海浪，而显得更加灵动。海浪就像个顽皮的孩子，时而安静，时而欢蹦乱跳。安静的大海，海面风平浪静，没有一点浪潮；当有风的时候，就会溅起浪花朵朵；但如果大海发怒了，就会掀起滔天巨浪，让人感到恐惧。

海浪有很多种，像我们经常听到的自然灾害之一的海啸，就是海浪的一种，还有风暴潮等等都是海浪。海浪给我们美感，又给我们带来了灾难。我们要学习它和研究它。

海浪的产生

海浪是海水的波动现象。广义上包括海水在天体引力、海底地震、火山爆发、大气压力变化和海水密度分布不均，以及人为力量等外力作用下形成的海啸、风暴潮和海洋内波等。通常所说的海浪，指的是海洋中由风产生的风浪、涌浪和近岸波。海浪是海面起伏形状的传播，由周期和波长等要素组成，是海水运动的主要形式，对航海、造船、海岸工程和海上军事活动有较大影响。

◆夕阳下的大海

海浪是水质点离开平衡位置，作周期性振动，并沿一定方向传播而形成的一种波动。波浪按照不同的分类标准可以分为很多种。

小知识——海浪的分类

◆海浪拍打着礁石

按波长与水深的关系可分为：水深大于半波长的为深水波；水深小于半波长的为浅水波；波长大于水深25倍的为长波。

按波的周期可分为：周期0.1秒以下的为表面张力波；0.1～300秒的为重力波；5分～24小时的为长周期波；24小时以上的为长周期潮波。其中，周期为3～15秒的波浪对海岸工程影响较大。

海浪按成因分为：风浪、涌浪、近岸波、海啸、风暴潮、内波等。

轶闻趣事——无风也起浪

人们常说："无风不起浪"，但实际上"无风也起浪"。这种说法是否有道理呢？事实上，海上有风没风都会出现波浪。无风的海面也会出现涌浪和近岸波，但它们是由别处的风引起的海浪传播来的，这大概也是人们所说"无风三尺浪"的证据。由海底地震、火山爆发等外力和内力作用下，形成的海啸、风暴潮和海洋内波等，它们都会引起海水的巨大波动，这才是海上"无风也起浪"的真正原因。

海　啸

近年来，海啸的发生越来越频繁，给人们带来了巨大的灾难和物质财产损失，关于海啸我们又有多少了解呢？

事实上，海啸是由海洋地震引发的巨大海浪。这种自然现象威力无比，令人震惊，由海啸激起的海浪可高达十多米至几十米不等，一般的波动时速为800千米至1 000千米左右，这种海浪可绵延几百千米的距离，甚至深达几千米的海洋底部。当强烈的海浪猛冲上大陆发生碰撞时能产生相当于原子弹爆炸的威力。海啸的破坏力很大，为了预测这种巨大的破坏力，减少海啸带来的损失，现在很多海啸多发地带已经建立了预警系统。

原理介绍——海啸预警系统

◆海啸袭击了海岸

◆海啸带来的灾难

海啸预警的物理基础在于地震波的传播速度比海啸的传播速度快。利用地震波传播速度与海啸传播速度的差别造成的时间差分析地震波资料，快速、准确地测定出地震参数，并与预先布设在可能产生海啸的海域中的压强计的记录相配合，就可以预警该地震是否激发了海啸，海啸的规模有多大。然后，根据海底地形图及可能遭受海啸袭击的海岸地区的地形地貌特征等相关资料，模拟计算海啸到达海岸的时间及强度，运用诸如卫星、遥感、干涉卫星孔径雷达等空间技术监测海啸在海域中传播的进程，采用现代信息技术将海啸预警信息及时传送给可能遭受海啸袭击的沿海地区的居民，这样，当海啸袭击时，可以拯救成千上万的生命，避免大量的财产损失。

以上所述的海啸预警对于“远洋海啸”比较有效，但是，对于“近海海啸”（亦称“本地海啸”，即激发海啸的海底地震离海岸很近，例如只有几十至数百千米的海啸），由于地震波传播速度与海啸传播速度的差别造成的时间差只有几分钟至

几十分钟，海啸早期预警就比较难以奏效。

风暴潮

◆风暴潮

风暴潮是一种灾害性的自然现象。由于剧烈的大气扰动，如台风、飓风、寒流等气旋而导致海水异常升降，使受其影响的海区的潮位大大地超过平常潮位的现象，称为风暴潮。风暴潮的空间范围一般从几十千米至上千千米，时间尺度或周期约为1～100小时。但有时风暴潮影响区域随大气扰动因子的移动而移动，因而有时一次风暴潮过程可影响一两千千米的海岸区域，影响时间多达数天之久。风暴潮根据风暴的性质，通常分为由热带气旋所引起的台风风暴潮（或称热带风暴风暴潮，在北美称为飓风风暴潮，在印度洋沿岸称为热带气旋风暴潮）和由温带气旋引起的温带风暴潮两大类。

风暴潮能否成灾，在很大程度上取决于其最大风暴潮位是否与天文潮高潮相叠。如果最大风暴潮位恰与天文大潮的高潮相叠，则会导致特大潮灾；如果风暴潮位非常高，虽然未遇天文大潮或高潮，也会造成严重潮灾。当然，也决定于受灾地区的地理位置、海岸形状、岸上及海底地形，尤其是滨海地区的社会及经济情况。风暴潮灾害居海洋灾害之首位，世界上绝大多数因强风暴引起的特大海岸灾害都是由风暴潮造成的。

海浪给我们带来灾难，但如果我们能够不断地认识和有效地利用它，它将会有无穷的力量。海浪具有十分巨大的能量，能把几十吨的巨石推走，能使万吨巨轮颠簸。如果能被人类合理地利用，将是非常可观的能源。浮动海浪能发电机就是人们利用海浪所具能量的一个很好的例子，它是利用类似浮标的涡轮机让海浪驱动发电。

动动手

了解新型海洋能发电

1. 去搜索网站。
2. 去看看人类对海浪能的利用。
3. 开动你的脑筋好好思考，看看我们的大海还有什么可以利用的能源！

1. 海浪具有巨大的能量，说出利用海浪能的方法。
2. 海啸和风暴潮等海浪具有巨大的破坏性，我们怎样才能做到准确预测，把灾害的损失降到最低呢？

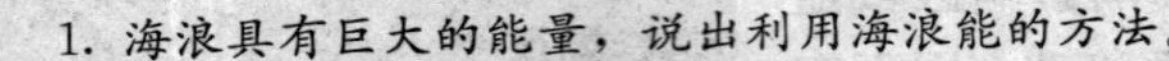

自然的巨幅画卷——世界四大洋

地球因为海洋的存在，而成为一个美丽的蓝色星球。提到海洋，我们不能不说的就是“世界四大洋”，它们都有大海的广阔，都有大海的蔚蓝，但它们又都有各自的美。太平洋是世界海洋之最，它的广阔让我们真正体会了“海纳百川”；大西洋因为“泰坦尼克号”的沉没，增添了几分浪漫和凄美；印度洋是连接亚洲、非洲和大洋洲的纽带；而北冰洋是冰川的世界，寂寞宁静。

◆广阔的大海

让我们一起走进四大洋，去领略它们的不同风光。

太平洋

太平洋是世界最大的海洋，它包括属海的面积为 18 134.4 万平方千米，不包括属海的面积为 16 624.1 万平方千米，约占地球总面积的 1/3，占世界海洋面积的 49.8%。

◆太平洋

从南美洲的哥伦比亚海岸至亚洲的马来半岛，东西最长大约 21 300 千米，南北最宽大约 15 900 千米。北有白令海峡与北冰洋相通，东有巴拿马运河、麦哲伦海峡和德雷克海峡沟通大西洋，西

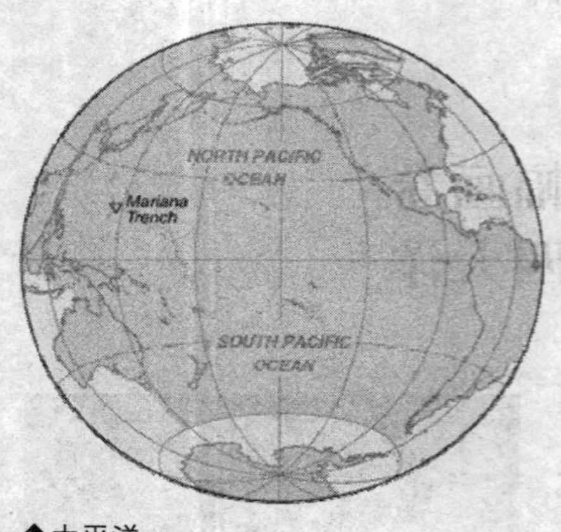

◆太平洋

经马六甲海峡、巽它海峡和龙目海峡，东南印度洋海丘、托莱斯海峡和帝汶海等沟通印度洋。太平洋岛屿众多，主要分布于西部和中部海域。太平洋的岛屿可以简单概括为一弧三群：一弧，分布在太平洋北部。西部，西南部各边缘海外侧的弧形列岛，包括阿留申群岛，千岛群岛，日本诸岛，琉球群岛，台湾、菲律宾和印度尼西亚诸岛。这些岛屿距离大陆近，面积大，多港湾，补给能力强，军事利用价值大。三群：分布在太平洋中部的三大群岛。分别是美拉尼西亚、密克罗尼西亚和玻里尼西亚。

位于太平洋区域的共有28个海，其中面积最大的海，也是世界上面积最大的海，是位于南太平洋的珊瑚海，面积为479万平方千米，其次是我国的南海、北太平洋的白令海、和南太平洋的塔斯曼海。

广角镜——太平洋上的净土海域

2009年1月国外媒体报道，美国总统布什宣布把太平洋3片海域归为国家海洋保护区的计划，这将成为世界面积最大的海洋保护区。这些区域包括西太平洋的马里亚纳海沟、北马里亚纳群岛3处无人居住岛屿、美属萨摩亚的罗斯环礁和中太平洋赤道附近7处岛屿，马里亚纳群岛海底的21座火山和热液口也将属保护区。

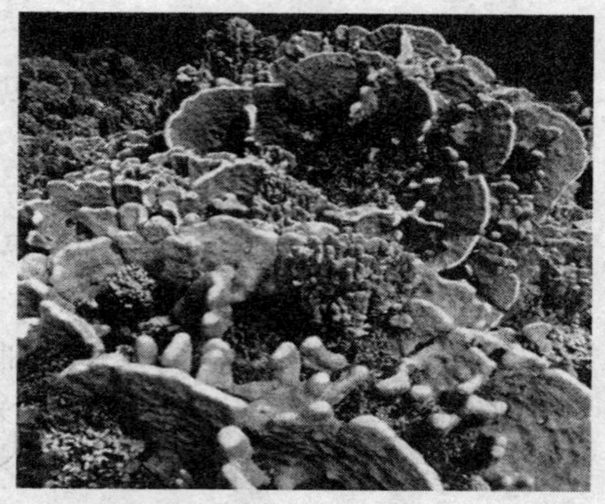
◆扇形珊瑚

白宫环境质量委员会主席康诺顿说："新保护区所在海域确实属于地球上尚未遭人类活动影响的最后净土。"

这些偏远的无人区有很多稀有的物种，作为鲨鱼、濒危龟类、海鸟等生物栖息地，这片海域的珊瑚礁生态系统基本未受外界影响。这个地区还存在着少见的地质结构，譬如：马里亚纳海沟是世界最深海沟，最深处达 1 万多米；罗斯环礁是世界最小型环礁，面积大约为 8 万平方米。

◆马里亚纳海沟

大西洋

世界第二大洋，古名阿特拉斯海，名称起源于希腊神话中的双肩负天的大力士神阿特拉斯。包括属海的面积为 9 431.4 万平方千米，不包括属海的面积为 8 655.7 万平方千米，南北长 15 742 千米，东西宽约 6 852 千米，占世界海洋面积的 26%，位于欧洲、非洲与北美、南美之间，北接北冰洋，南接南极洲，西南以通过合恩角的经线与太平洋为界，东南以通过厄加勒斯角的经线与印度洋为界，西部通过南、北美洲之间的巴拿马运河与太平洋沟通，东部经欧洲和非洲之间的直布罗陀海峡通过地中海，以及亚洲和非洲之间的苏伊士运河与印度洋的附属海红海沟通。

◆大西洋美丽的风景

小资料——大西洋的自然资源

大西洋中的海洋资源相当丰富，主要是矿产资源和水产资源。

大西洋中的矿产资源主要有石油、天然气、煤、铁、重砂矿和锰结核等。大西洋两岸边缘的海盆中构成两个石油和天然气带，即东大西洋带和西大西洋带。

◆海天一色

海底煤炭主要分布在英国东北部苏格兰的近海和加拿大新斯科舍半岛外侧的大陆架。大西洋生物资源丰富，最主要的是鱼类，大西洋的渔获量曾居世界各大洋第一位，20 世纪 60 年代以后低于太平洋，退居第二位。

大西洋在世界航运中处于极为重要的地位，它西通巴拿马运河连太平洋，东穿直布罗陀海峡，经地中海、苏伊士运河通向印度洋，北连北冰洋，南接南极海域，航路四通八达、十分便利。同时大西洋沿岸几乎都是各大洲最发达的地区和经济水平较高的资本主义国家，是世界环球航运体系中的重要环节和枢纽。

广角镜——大西洋中脊

◆大西洋中脊

大西洋中部有一条纵贯南北的山脉，这条巨大山脉像它的脊梁，因而取名叫“大西洋中脊”。它与东西两岸平行，呈“S”形纵贯南北。自北极圈附近的冰岛开始，长达 1.7 万千米，宽约 1 500～2 000千米不等，约占大西洋的三分之一。

在大洋中脊的峰顶，沿轴向还有一条狭窄的地堑，叫中央裂谷，宽约 30～40 千米，深约 1 000～3 000 米。它把大洋中脊的峰顶分为两列平行的脊峰。在中央裂谷一带，经常发生地震，而且还经常地释放热量。这里是地壳最薄弱的地方，地幔的高温熔岩从这里流出，遇到冷的海水凝固成岩。经过科学家研究鉴定，这里就是产生新洋壳的地方。较老的大洋底，不断地从这里被新生的洋底推向两侧，更老的洋底被较老的推向更远的地方。

此后，人们在印度洋和太平洋也相继发现了大洋中脊。

印度洋

印度洋位于亚洲、非洲、大洋洲和南极洲之间，全部水域都在东半球，是世界第三大洋，因位于亚洲印度半岛南面，故名印度洋。其包括属海的面积为 7 411.8 万平方千米，不包括属海的面积为 7 342.7 万平方千米，约占世界海洋总面积的 20%。其北为印度、巴基斯坦和伊朗；西为阿拉伯半岛和非洲；东为澳大利亚、印度尼西亚和马来半岛；南为南极洲。位于印度洋区域的海有 6 个，为红海、阿拉伯海、安达曼海、波斯湾、孟加拉湾和大澳大利亚湾，其中面积最大的是位于印度洋西北部的阿拉伯海。

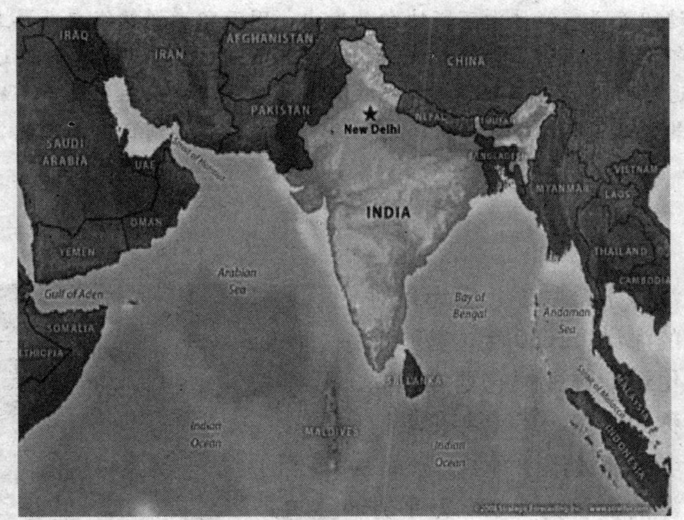

◆印度洋地图

小资料——印度洋的自然资源

印度洋的自然资源相当丰富，矿产资源以石油和天然气为主，主要分布在波斯湾。印度洋海域是世界最大的海洋石油产区，约占海上石油总产量的 1/3。印

◆蔚蓝色的印度洋

度洋的生物资源主要有各种鱼类、软体动物和海兽。此外，在波斯湾的巴林群岛、阿拉伯海、斯里兰卡和澳大利亚沿海还盛产珍珠。

印度洋是联系亚洲、非洲和大洋洲之间的交通要道。从印度洋向东通过马六甲海峡可以进入太平洋，向西绕过好望角可达大西洋，向西北通过红海、苏伊士运河，可进入地中海。印度洋沿岸是世界资源的一个重要出口地，印度洋的航运业虽不如大西洋和太平洋发达，但由于中东地区盛产的石油通过印度洋航线源源不断地向外输出，因而印度洋航线在世界上占有重要的地位。印度洋上运输石油的航线有两条：一条是出波斯湾向西，绕过南非的好望角或者通过红海、苏伊士运河，到欧洲和美国，这是世界上最重要的石油运输线；一条是出波斯湾向东，穿过马六甲海峡或龙目海峡到日本和东亚其他国家。

北冰洋

北冰洋源于希腊语，意为正对大熊星座的海洋。1650 年，德国地理学家瓦伦纽斯首先把它划成独立的海洋，称大北洋，1845 年伦敦地理学会命名为北冰洋。

◆白色的世界——北冰洋

北冰洋的面积为 1 310 万平方千米，其最宽处约 4 233 千米，最窄处 1 900 千米，它被陆地包围，近于半封闭。北冰洋虽小，然而却具有重要的战略意义。北冰洋系亚、欧、北美三大洲的顶点，有联系三大洲的最短大弧航线，地理位置很重要。因为从北冰洋出发，到达西方发达国家的距离最短。中国国家海军战略潜艇在北冰洋的驻守，不仅因为北冰洋冰面的存在便于其隐蔽，而且因为距离世界上发达国家的距离最短而便

于进攻。

北冰洋的大陆架有丰富的石油和天然气，沿岸地区及沿海岛屿有煤、铁、磷酸盐、泥炭和有色金属。生物也相当丰富，邻近大西洋边缘地区有范围辽阔的渔区，遍布繁茂的藻类（绿藻、褐藻和红藻），海洋里有白熊、海象、海豹、鲸、鲱、鳕等。

◆可爱的北极熊

1. 你能说说世界四大洋分别靠近哪个大洲吗？
2. 地球气温不断上升，给北冰洋造成什么影响？

大自然的妙笔——瀑布

◆瀑布

瀑布堪称大自然的又一奇观，它的美主要是它的奇和秀。瀑布的奇在于，滚滚河水奔流至此，倒悬倾注，惊涛怒吼，波浪翻滚，震声数十里可闻，也让我们真正感受到水的力量；瀑布的秀在于，它卧在青山间，和青山组成一幅绝美的山水画。

在此，让我们一起去了解瀑布，去欣赏瀑布的美，去感受水的力量。

瀑布的形成

瀑布是流动的河水突然几近垂直跌落，是河水流动中的主要阻断。在地质学上叫“跌水”，即河水在流经断层、凹陷等地区时垂直地跌落。

◆黄石瀑布

形成瀑布主要有几个原因，一个最常见的原因便是岩石类型的差异。河流跨越许多岩石边界。如果从坚硬的岩石河床流向比较柔软的岩石河床，很可能较软的岩石河床的侵蚀更快，并且两种岩石类型相接处的坡度更陡。当河流改变方向并向不同的岩石河床间的相接处时，便会发生这种情况。

◆尼亚加拉大瀑布

形成瀑布的另一原因是河床上有许多条状的坚硬岩石。尼罗河上已出现一系列大瀑布，尼罗河水已充分侵蚀河床，结果露出坚硬的结晶质基底岩。其他瀑布较少由岩层的特性形成，而更多地由陆地的结构和形状而形成。例如，隆起的高地玄武岩可形成坚硬的台地，河水在其边缘产生瀑布，北爱尔兰的玄武岩上的瀑布便是这样形成的。

当然，河水侵蚀和地质特征并不是产生瀑布的仅有因素。沿着断层进行的构造运动也会将坚硬和软性岩石聚拢在一起，促成瀑布的产生。

在大部分情况下，河流总是通过侵蚀和淤积过程来流过途中的不平坦之处。从河流的时间尺度来看，瀑布是一种短暂的现象，终将销声匿迹。其侵蚀速度取决于瀑布的落差、水量、岩石的种类和结构以及其他一些因素。

知识库——瀑布的分类

◆藏布巴东瀑布

依据瀑布的外观和地形的构造，可对瀑布有多种分类。根据瀑布水流的高宽比例可划分为垂帘型瀑布和细长型瀑布；根据瀑布岩壁的倾斜角度可划分为悬空型瀑布、垂直型瀑布和倾斜型瀑布；根据瀑布有无跌水潭可划分为有瀑潭型瀑布以及无瀑潭型瀑布两类；根据瀑布的水流与地层倾斜方向可划分为逆斜型瀑布、水平型瀑布、顺斜型瀑布和无理型瀑布；根据瀑布所在地形可划分为名山瀑布、岩溶瀑布、火山瀑布和高原瀑布四大类。

瀑布群的形成

瀑布群的形成原因各不相同，不同的原因形成了各具特色的瀑布。例如：短距离内河道可作S形或直角形的急拐弯转折，大的主体瀑布和相对集中的瀑布群最容易出现在河床S形拐弯的弯部和直角形转折的弯部位。如藏布巴东Ⅰ号、Ⅱ号瀑布就出现在河床S形拐弯部位。短距离内峡谷基岩河床深槽形态发生束放变化的转折部位，也容易出现大的瀑布。如绒扎瀑布就是此种类型的瀑布。同时，任何巨瀑下面必有深潭，它必然会改变河床谷地的形态和水流作用的性质，应该说也是参与了瀑布地形的形成过程的。如藏布巴东瀑布跌落下去就形成一个大的三角形瀑槽。

小资料——世界三大瀑布

瀑布是大自然的杰作，是壮美的自然景观。全球的瀑布很多，其中数尼亚加拉瀑布、维多利亚瀑布和伊瓜苏瀑布最为有名。

1. 尼亚加拉大瀑布

北美东北部尼亚加拉河上的大瀑布，也是美洲大陆最著名的奇景之一。尼亚加拉瀑布位于加拿大安大略省和美国纽约州交界处的尼亚加拉河中段，号称世界七大奇景之一，与南美的伊瓜苏瀑布及非洲的维多利亚瀑布合称世界三大瀑布。它以宏伟的气势，丰沛而浩瀚的水汽，震撼了所有的游人。

◆尼亚加拉瀑布

2. 维多利亚瀑布

维多利亚瀑布位于非洲赞比西河中游，赞比亚与津巴布韦接壤处，是非洲最大的瀑布，也是世界上最美丽和最壮观的瀑布之一，据说水雾形成的彩虹远隔20千米以外就能看到。维多利亚瀑布实际上分为5个部分，它们是东瀑布、虹瀑布、

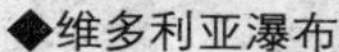

◆维多利亚瀑布

◆伊瓜苏瀑布

魔鬼瀑布、新月形的马蹄瀑布和主瀑布。

3. 伊瓜苏瀑布

伊瓜苏瀑布位于阿根廷和巴西边界上的伊瓜苏河，是世界三大瀑布之一，这是一个马蹄形瀑布，高 82 米，宽 4 千米，是尼亚加拉瀑布宽度的 4 倍，比维多利亚瀑布还要宽很多。

广角镜——南极血瀑布暗示外星生命的存在可能

南极洲的一处冰川中，有一道奇特的景观，像是撕裂的伤口中流淌出的一条血色的河流。而它所在的位置也是南极大陆上最奇特的地区之一：麦克默多干谷，一个巨大的无冰区，而且是世界上环境最恶劣的沙漠之一。

这里虽然地处南极，但从来都很少有冰存在，因为向下的风以高达 200 英里(322 千米）的时速横扫整个山谷并带走所有的水分。如果你独身徒步行进其中，经过干死的企鹅以及其他动物的尸体，最后，你会看到它——一座流血的冰川。它是 1911 年由命运多舛的罗伯特·斯科特科考队的成员发现的。每隔一段时间，冰川会喷出清澈的、富含铁的液体，然后迅速氧化变成我们看到的深红色。

这些液体来源于 1300 英尺（约 396 米）深的冰下富含盐分的盐湖，新的研究已经发现有细菌生存在这样艰难的环境中，研究人员称，自从冰川从湖中诞生，创造了这样寒冷、黑暗、无氧的生态环境之时起，这种细菌菌落已被隔离了约 150 多万年。

更令人惊奇的是：科学家认为，细菌造就的“血瀑布”间接提示了太阳系中存在外星生命的可能，例如火星和木卫二极地的冰盖之下有可能存在生命。

疑是银河落九天——我国的瀑布

我国的瀑布各具特色，让人赞服。

壶口瀑布的壮美，让我们领略了黄河水的波涛汹涌的气势；黄果树瀑布是黄果树瀑布群中最美的。涨水时节，如蛟龙翻腾、浪花飞溅、水珠飞扬；枯水时节，瀑布犹如万缕银丝披挂、轻柔多姿，又是另一番景致；庐山瀑布，正如李白在《望庐山瀑布》中写道“飞流直下三千尺，疑是银河落九天”的千古名句，把庐山瀑布的美描写得淋漓尽致。还有很多瀑布，它们也各有各的风情。

◆瀑布

壶口瀑布

◆壶口瀑布

黄河作为“母亲河”哺育了华夏文明，在黄河之上有一条壮美的瀑布——壶口瀑布。

壶口瀑布西濒陕西省宜州县，东临山西省吉县，位于两省的交界处。黄河流经这一带地区，渐渐束窄，两岸由于河床下切而呈峡谷。黄河在龙王迪以上，河道宽度与峡谷宽度基本一致，而至龙王迪以下，河水在平整的谷底冲蚀出一道深槽，其宽不过

30～50 米。黄河在宽阔的河槽中突然奔放到束窄的深槽之中，不禁倾泻而下，形成瀑布。涛涛的黄河水在此奔腾而下，气势滂沱，当是华夏国土上最为雄壮的奇观了！

黄果树瀑布

黄果树瀑布因当地一种常见的植物“黄果树”而得名，位于中国贵州省安顺市镇宁布依族苗族自治县城关镇西南约 25 千米，东北距贵阳市 150 千米，是珠江水系打邦河的支流白水河九级瀑布群中规模最大的一级瀑布。瀑布高度为 77.8 米，其中主瀑高 67 米；瀑布宽 101 米，其中主瀑顶宽 83.3 米。

◆黄果树瀑布

黄果树瀑布群是由大小 18 个瀑布形成一个庞大的瀑布“家族”，被世界吉尼斯总部评为世界上最大的瀑布群，列入世界基尼斯记录。黄果树大瀑布是黄果树瀑布群中最为壮观的瀑布，是世界上唯一可以从上、下、前、后、左、右六个方位观赏的瀑布，也是世界上有水帘洞自然贯通且能从洞内外听、观、摸的瀑布。

小知识——黄果树瀑布的景观

黄果树瀑布后的水帘洞相当绝妙，134 米长的洞内有 6 个洞窗，5 个洞厅，3 个洞泉和 2 个洞内瀑布，游人穿行于洞中，可在洞内观看洞外飞流直下的瀑布。瀑布从高处泻落，成年累月，冲击成一个深潭，传说有犀牛从潭中登岸，因此得名“犀牛潭”。每当日薄西山，凭窗眺望，犀牛潭里彩虹缭绕，云蒸霞蔚，这便是著名的“水帘洞内观日落”。

黄果树瀑布下游 6 千米处有一天星桥。天星桥有相互连接的三个片区，即天

◆水帘洞

星盆景点、天星洞景点、水上石林景点。石笋密集，植被茂盛，水到景成。“有水皆成瀑，是石总盘根”，这两句诗独到地概括了这里的景观。

黄果树瀑布激起的水花，如雨雾般腾空而上，随风飘飞，漫天浮游，高达数百米，落在瀑布右侧的黄果树小镇上，特别是艳阳高照之日，水雾濛濛，映出金色的光来，似真似幻。此时那街道似乎是金色大街，形成了远近闻名的“银雨洒金街”的奇景。

庐山瀑布

◆庐山瀑布

庐山之美，有“匡庐奇秀甲天下”之誉，而此中瀑布居首。唐代诗人李白的《望庐山瀑布》曰：“日照香炉生紫烟，遥看瀑布挂前川。飞流直下三千尺，疑是银河落九天”，是对庐山瀑布的形象描绘，成为千古名句，广为流传。

庐山瀑布位于江西省星子县庐山秀峰景区，悬于双剑、文殊二峰之间，瀑水被二崖紧束喷洒，如骥尾摇风，故又名“马尾水”。

庐山瀑布群的主要瀑布有：三叠泉瀑布、开先瀑布、石门涧瀑布、黄龙潭瀑布、乌龙潭瀑布、王家坡双瀑和玉帘泉瀑布等。庐山的瀑布群中最著名的是三叠泉，被称为庐山第一奇观，曾有“未到三叠泉，不算庐山客”之说。三叠泉瀑布之水，自大月山流出，缓慢流淌一段后，再过五老峰背，经过山川石阶，折成三叠，故得名三叠泉瀑布。

轶闻趣事——秦始皇赶山塞海

相传秦始皇在为自己建造陵墓的过程中，曾得到一根威力无穷的神鞭，那神鞭所到之处，山崩地裂。秦始皇将神鞭向骊山的一角抽去，只见骊山的那一角变成了一座脱离秦岭的孤山。秦始皇再连抽几鞭，不料把那山就赶到了长江南岸的鄱阳湖畔。此时日暮黄昏，天色渐暗，秦始皇决定暂作小憩，等第二天天亮再赶山下海，铺平去蓬莱神境的道路。哪知当夜失去神鞭的南海观音闻讯赶到，乘秦始皇酣醉之时，换走了神鞭。第二天，秦始皇醒来，便举鞭赶山下海，但是山岿然不动。秦始皇一气之下，竟在山上连抽九十九鞭，直打得那山满身鞭痕，汗如雨下，可仍纹丝不动地屹立在原地。秦始皇无可奈何，只得将鞭子扔下，垂头丧气地回京都去了。从此，那山便在鄱阳湖畔扎下了根，这就是今日的庐山。由于秦始皇抽了九十九条鞭痕，后来就变成九十九道锦乡深谷；秦始皇扔下的赶山鞭，变成了龙首崖外高耸入云的桅杆峰；那满身流淌的汗水，也化作了群山之中的银泉飞瀑了。

德天瀑布

德天瀑布位于中越边境广西大新县硕龙镇，起源于广西靖西县归春河，终年有水，流入越南又流回广西，经过大新县德天村处遇断崖跌落而成瀑布。德天瀑布横跨中国越南两个国家，排在巴西—阿根廷之间的伊瓜苏大瀑布、赞比亚—津巴布韦之间的维多利亚瀑布以及美国—加拿大的尼亚加拉瀑布之后，是世界第四大、亚洲第一大跨国瀑布，瀑布三级跌落，最大宽度200多米，纵深60多米，落差70余米，它与越南的板约瀑布连为一体，就像一对亲密的姐妹。

◆德天瀑布

德天瀑布雄奇瑰丽，变幻多姿。这里山峰奇巧，云雾缭绕，怪石峥嵘，古木参天，步步是景，处处含情。德天风景区的美，不仅仅在于德天瀑布，还有树木葱茏的黑水河，绮丽多姿的彼岸奇景，怪石遍布的雷平石林和水上石林，以及具有特殊意义的53号界碑，无数的古迹文物和珍稀动物。此外，还有“小桂林”之称的明仕田园和五百里画廊为你展开一幅又一幅宁静抒情的南国特有的风情画卷。

吊水楼瀑布

◆吊水楼瀑布

吊水楼瀑布，又称镜泊湖瀑布，它位于黑龙江省宁安县西南。火山爆发，熔岩遇江水形成一道天然大坝。坝上为湖，坝下为江。镜泊湖出口，水流深切玄武岩石中，形成瀑布，这就是吊水楼瀑布。它实际上是同坠入一潭的两个瀑布，其高约20～25米，宽达42米左右，也是我国纬度最高的瀑布。

吊水楼瀑布随着季节的交替，景色也各不相同。在夏季，镜泊湖水从四面八方漫来聚集在潭口，一泻而下，气势滂沱，令人震惊；到了冬季，虽然没有夏季的气势，却更显秀丽，并且有美丽镜泊湖的衬托和民间流传的“红罗女”的美丽传说，更加让人神往。除此之外，还有奇特的地下熔岩洞景观和地下森林景观，也是吊水楼瀑布的亮点。

水利万物而不争

——水与我们的生活

老子说："上善若水，水善利万物而不争，此乃谦下之德也；故江海所以能为百谷王者，以其善下之，则能为百谷王。天下莫柔弱于水，而攻坚强者莫之能胜，此乃柔德；故柔之胜刚，弱之胜强坚。""上善若水"，水滋养万物，而不与万物争利，故天下最大的善性莫如水。凡是能利物、利人之事，水都尽力去做，这是水最为谦虚的美德。

江海之所以能够成为一切河流的归宿，是因为它善于处在下游的位置上，所以成为百谷王。

世界上最柔的东西莫过于水，因为它能穿透最为坚硬的东西，没有什么能超过它的，例如滴水穿石，这就是"柔德"所在。水是生命的源泉，是人类赖以生存和发展的不可缺少的最重要的物质资源之一。它默默滋养着世间万物，在地球上，哪里有水，哪里就有生命的踪迹。

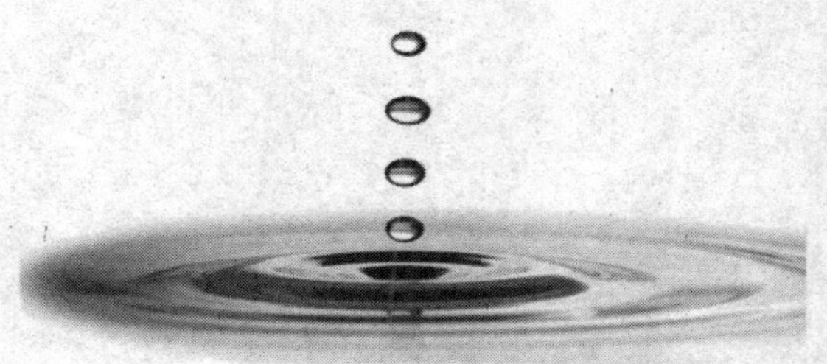

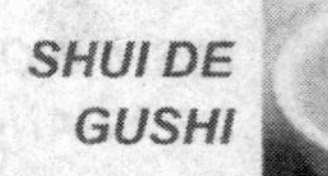

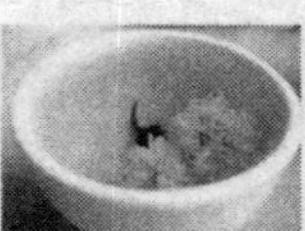

生命的摇篮——地球

地球，这位人类的母亲，这个生命的摇篮，是那样的美丽壮观，和蔼可亲。它是我们人类共同的家园，她赐予我们生命，美丽的山川，广阔的海洋，碧草蓝天……她默默地奉献着自己的一切。

地球是我们美丽的家园，作为它的儿女，我们有义务保护她的美丽。

今天，我们将带着好奇和对地球的感激，走进地球，去了解我们共同生存的家园。

◆地球

地球的起源

关于地球的起源问题，人们在很早之前就开始探索，也曾探索过包括地球在内的天地万物的形成问题，并逐渐形成了关于天地万物起源的“创世说”。《圣经》中的创世说流传最广，在人类发展史上，创世说曾在很长一段时间占统治地位。

1543年波兰天文学家哥白尼提出了“日心说”以后，人们对天体的起源和演化才突破了宗教神学的桎梏，并且开始对地球和太阳系起源的问题进行真正科学的探讨。

◆天文学家哥白尼

1755年，德国著名古典哲学创始人康德提出“星云假说”。1796年，法国著名数学和天文学家拉普拉斯独立地提出了太阳系起源的“星云假说”。由于拉普拉斯和康德的学说在基本论点上是一致的，所以后人称两者的学说为“康德—拉普拉斯学说”。整个19世纪，这种学说在天文学中一直占有统治地位。

1948年伽莫夫等人首先提出了宇宙大爆炸学说，该学说是现代宇宙学的重要理论，被誉为20世纪宇宙学的里程碑。

小知识——宇宙大爆炸学说

宇宙大爆炸学说认为，在银河系中有一颗具有超大质量和密度的超新星，因为在自身的引力作用下开始收缩，后达到一定程度，不能承受超密度与超高温，发生了大爆炸。大爆炸产生的强大的力量，使距爆炸中心较近的碎片、星体和星云聚集、收缩与升温，形成了太阳系与九大行星。经历了46亿年漫长岁月的演变，地球因此诞生了。这就是著名的宇宙大爆炸学说。

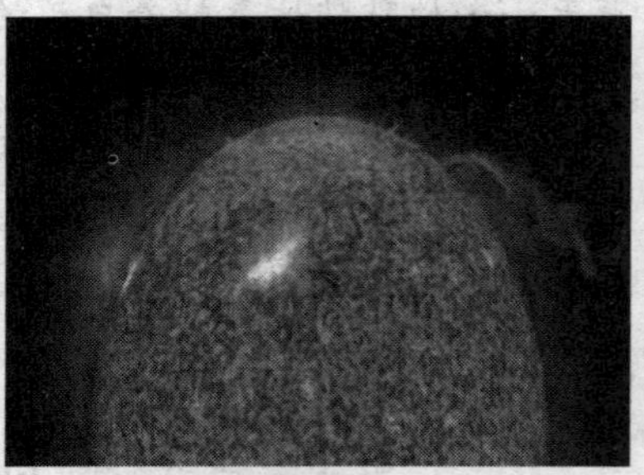
◆太阳飓风撕裂彗星尾巴

地球的演化

◆太阳及行星

地球表面可以分为两大部分，即大陆和海洋。大陆和海洋到底怎么形成的？绝大部分地球科学家都认同大陆漂移现象，认为地球上海洋与陆地的结构分布和变化与大陆漂移运动直接相关。比较坚硬的地球岩石圈板块作为一个单元在其之下的地球软流圈上运动；由于岩石圈板块的相对运动，导致了大陆漂移，并形成了今天地球上海洋和陆地的分布。

根据大陆漂移学说，最近2亿年以来的大陆漂移和板块运动，已得到了确

切的证明和广泛的承认。然而有人推测，板块运动很可能早在30亿年前就已经开始，不同地质时期的板块运动速度是不同的。大陆岩块的多次碰撞形成了褶皱山脉，并连接在一起形成新的大陆，而由大洋底扩张则形成了新的大洋。

小资料——地球的自转和公转

地球存在绕自转轴自西向东的自转，平均角速度为每小时转动15度。在地球赤道上，自转的线速度是每秒465米。天空中各种天体东升西落的现象都是地球自转的反映。

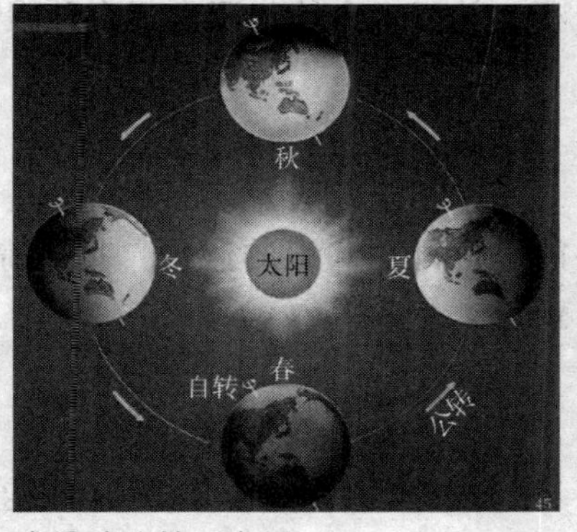

◆地球公转示意图

地球自转和公转的概念，是著名天文学家哥白尼1543年在《天体运行论》一书中首先完整地提出的。地球公转的轨道是椭圆的，公转轨道半长径为149 597 870千米，轨道的偏心率为0.016 7，公转的平均轨道速度为每秒29.79千米；公转的轨道面与地球赤道面的交角为23.27度，称为黄赤交角。地球自转产生了地球上的昼夜变化，地球公转及黄赤交角的存在造成了四季的交替。

小知识——地球的圈层

地球是一个不均匀的质体，具有明显的圈层结构。地球每个圈层的成分、密度、温度等各不相同。地球圈层分为地球外圈和地球内圈两大部分。地球外圈可进一步划分为四个基本圈层，即大气圈、水圈、生物圈和岩石圈；地球内圈可进一步划分为三个基本圈层，即地幔圈、外核液体圈和固体内核圈。此外在地球外圈和地球内圈之间还存在一个软流圈，它是地球外圈与地球内圈之间的一个过渡圈层，位于地面以下平均深度约

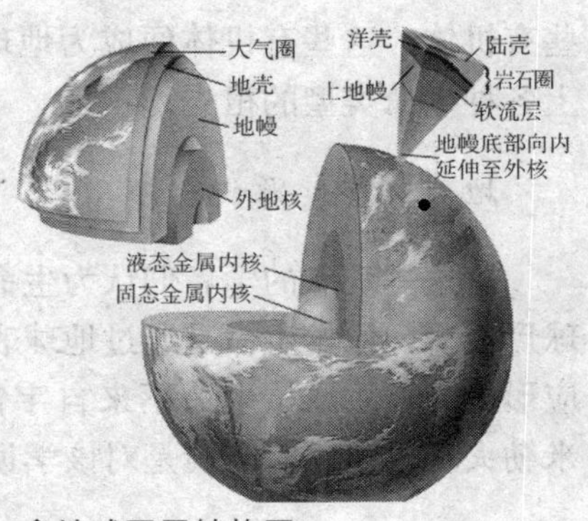

◆地球圈层结构图

150 千米处。

地球上生命的起源

长期以来，人们对生命起源的认识一直处于迷信和蒙昧状态。20 世纪以来，随着科学技术的发展，有关生命起源的科学理论已被人们所认识。地球上生命的演化是一个从无到有，从低等到高等，从简单到复杂的过程。关于生命的起源有很多种假说：

神创论

神创论者认为宇宙万物都是上帝创造出来的。这是人们对生命起源不能进行科学认识的假设，把生命的起源归结为神的力量，是一种错误的观点。

宇宙来源说

这一学说提出，生命有可能是在地球形成后直接来自宇宙空间。"泛生说"的学者认为地球上最早有机体的起源，是由于宇宙天体早已有生命存在，其微生物"孢子"通过陨石带到原始的地球上以后，就在适合的环境下逐渐地发展为这些有机体，这些有机体便成为地球上各种生命类型的祖先。

◆浩瀚的宇宙

地球化学起源说

持这一观点的学者们认为生命的起源与地球的形成是同源的，原始地球形成后，原始生命是通过地球表面含有的一些化合物经过漫长的化学反应形成的，故原始生命不来自宇宙空间，而是源于地表及其原始大气层。米勒火花放电模拟实验是对该学说的有力证明。

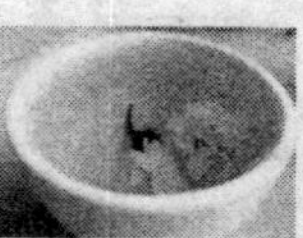

实验——米勒火花放电模拟实验

1953 年，米勒模拟原始大气，将甲烷、氨气、氢气和水蒸气封闭在无氧的玻璃容器内，加之连续的火花放电，以模拟雷电所造成的自然能源，火花放电实验继续一周后，得到了甘氨酸、谷氨酸、丙氨酸和天冬氨酸等多种有机物。后来，各国学者继续进行这种模拟实验，采用各种不同的气体混合物作为初始物质以模拟原始大气，并采用放电、紫外线、电离辐射和加热等，以模拟原始地球的自然能源条件，结果证明所有构成生物体的 20 种氨基酸均可在原始地球条件下经多种途径产生，模拟实验证明了生命物质的“化学起源与进化历程”，也成为化学进化的主要研究方法。

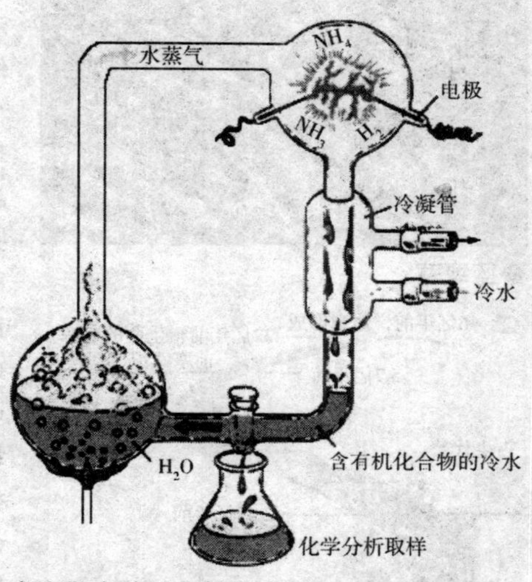

◆米勒火花放电模拟实验

异养说

1924 年，前苏联科学家奥巴林提出了生命起源的原生物进化假说——异养说，系统地论述了生命起源的化学进化过程。

小资料——生命的进化过程

据估计，在 38 亿年前，地球上已有了古老的菌类存在，它们能在高温、高压、黑暗无光的条件下生存，以海水中溶解的有机物为养料。如现在仍存在的“铁细菌”。最初的地球没有氧气，最初的生物也都是厌氧型生物，在进化过程中，突然的变异出现了会放氧的原始植物。它们是能够利用太阳能进行光合作用的新型生物。利用太阳能分解空气中的二氧化碳，再利用取得的碳建造有机物

◆蓝绿藻

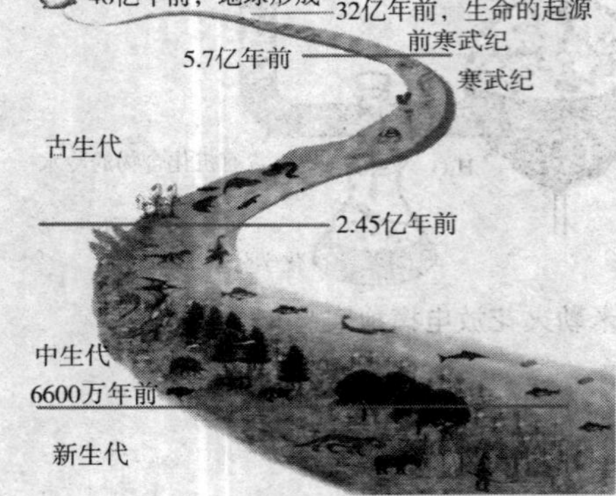

◆生命的进化过程

质，满足身体生长的需要。它们吸收空气中的二氧化碳后放出氧气，大大地改变了地球的面貌。这种能放氧的生物早在35亿年前就已出现在地球上。现在，海底深处还能找到这类生物，它就是蓝绿藻。

放氧生物的出现，大气中氧气渐渐增多，在大气上层形成了可阻挡紫外线的臭氧层，使得生物由深海进入浅海，并为生物的登陆创造了条件。

在距今1.8亿年前，有了恐龙等巨型动物以及初级哺乳动物，并进化出了最初的鸟类。恐龙在生存了大约1.5亿年之后，遭到灭绝。再后来，哺乳动物开始统治地球，并且进化得更加高级，终于在大约200万年前，灵长类中的一支——古猿，经过几十万年的发展演变，进化为具有高度智慧，有思想的人类。

1. 地球的奥秘万万千千，阿基米德曾说："给我一个支点，我可以撬动地球"，那么你能计算出地球的重量吗？他真的可以撬动地球？

2. 想一想，用哪些方法可以证明地球在自转？

生命之源——万物离不开水

◆生命之源——水

阳光、空气和水是生命的三大要素，水又是生命的第一要素。水孕育生命，水维持生命，水是人类的生命之源，人的生存离不开水。地球表面三分之二是水，人体的三分之二也是由水构成。自有生命以来，水就以它特有的功能陪伴着人类、孕育着文明。

水是生命之源，它无论走到哪里，都将给周围的生灵以润泽。没有它的滋养，青山早已化为黄山，而崖间的青苔碧草，甚至这万物生灵，也早已经灰飞烟灭。正如《老子》中云："上善若水，水利万物而不争。"

人类生活离不开水

◆生命离不开水

水是生命的源泉，对我们的生命起着重要的作用，是人类赖以生存和发展的不可缺少的最重要的物质资源之一，人的生命一刻也离不开水。

人体的新陈代谢、系统平衡都必须依赖于水，水是构成生命细胞的基础。食物的消化吸收、营养的输送、血液的循环、废物的排泄、体温的调节，每一个生理活动都离不开水，没有水就没有生命。没有食物，人可以存活几周，但没有水，生命仅维持几天。可以说，在地球上，哪里有水，哪里就有生命的存在，一切生命活动都起源于水。

小知识——人体与水

胎儿体内有90%的水分，儿童体内有80%的水分，成年人有70%的水分，老年人只有50%～60%的水分。综观人的一生，可以说是丧失水分的过程。所以说失水是老化的主要表现。人体内的水分，大约占到体重的75%。其中，脑髓含水75%，血液含水83%，肌肉含水76%，连坚硬的骨骼里也含水22%，从某种意义来说，人是水做的。

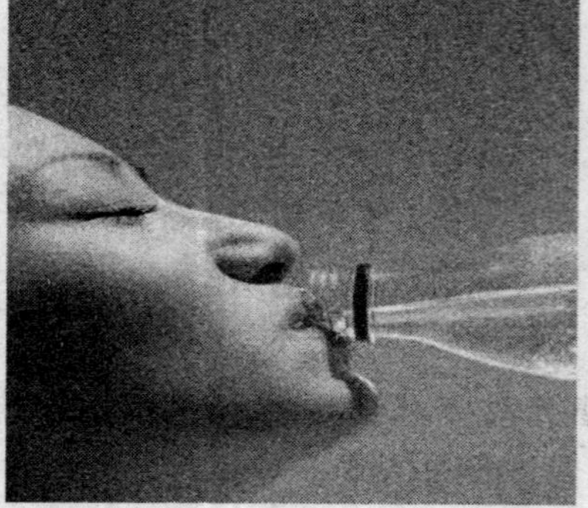
◆日常多饮水

人类身体内部有一整套完善的储水系统。这个系统在人类的体内储备了大量的水，所以人类可以在短时间内适应暂时的缺水。而且在人体内，还有一个与之匹配的干旱管理机制，人体的干旱管理机制十分严格，分配水时，身体内的所有器官都受到监控。身体缺水时，干旱管理机制首先要保证重要器官，于是，别的器官的水分就不足，那么这时它们就会作出缺水的反应。当人体缺水1%～2%，会感到渴；缺水5%，口干舌燥，皮肤起皱，意识不清，甚至幻视；缺水15%，往往甚于饥饿。

水对植物的重要作用

大多数植物都是依靠光合作用生存的，水是光合作用的基本原料之一，它参加各种水解反应和呼吸作用中的多种反应。水在生长着的植物体中含量最大。原生质含水量为80%～90%，其中叶绿体和线粒体含50%左右；液泡中则含90%以上，含水最少的是成熟的种子，一般仅10%～14%，或更少。代谢

◆植物的光合作用

旺盛的器官或组织含水量都很高。

讲解——水对植物生长的作用

水在植物体内的重要生理作用主要有以下几点：

一、水是原生质的主要成分，原生质的含水量一般在80%～90%，这些水使原生质呈溶胶状态，从而保证了新陈代谢旺盛地进行，例如根尖、茎尖就是这样。如果细胞失水过多，就可能引起原生质破坏而招致细胞死亡。

◆用水浇灌庄稼

二、水是植物体内新陈代谢过程的反应物质。在光合作用、呼吸作用、有机物的合成和分解的过程中，都必须有水的参与。

三、水是植物对物质吸收和运输的溶剂。一般说来，固态的无机物和有机物只有溶解在水中才能被植物吸收。同样，各种物质在植物体内的运输也必须溶解于水中才能进行。

四、水能保持植物体的固有状态和维持植物正常的体温。

水对动物的重要作用

地球上一切生命都起源于大海，动物也包括海洋和河流中的水生动物，它们与水的关系不言而喻。即使陆地上的动物，也离不开水，因为水是所有动物生存的基本条件。

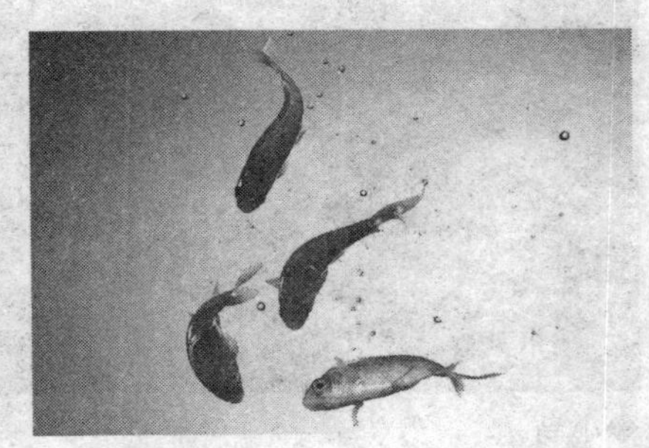

◆鱼儿离不开水

水给动物带来了营养，所有营养物质都是通过水的运输，通过动物体内各种管道（血液、淋巴液）才能够

将这些物质带到细胞的周围，供它们维持自身的新陈代谢，同时，血液还将氧气通过红细胞带给细胞。没有水，细胞就会死亡。

动物离不开水，并且和植物一样要保持体内的水分平衡。不同的动物具有不同的调节机制，但各种调节机制，都必须使动物能在各种情况下保持体内水分平衡，否则动物就无法生存。

小资料——动物对水的调节机制

1. 水生动物的渗透压调节

海洋是一种高渗环境，生活在海洋中的动物大致有两种渗透压调节类型。一种类型是动物的血液或体液的渗透浓度与海水的总渗透浓度相等或接近；另一种类型是动物的血液或体液大大低于海水的渗透浓度。具有不同渗透浓度的海生动物，因为与海水的渗透浓度的差异，自发调节体内水分。

◆海洋鱼类

2. 陆生动物的渗透压调节

陆生动物和水生动物一样，细胞内需要保持最合适的含水量和溶质浓度。通过渗透压调节能保持各种动物细胞内都有相似的含水量，否则细胞的功能就会受影响。

◆小鸟

动物失水的主要途径是皮肤蒸发、呼吸失水和排泄失水。丢失的水分主要是从食物、代谢水和直接饮水三个方面得到弥补。但在有些环境中，水是很难得到的，所以单靠饮水远远不能满足动物对水分的需要。因此，动物在进化过程中，为了保持体内水分维持生命，形成了不同的特征。

水也“吃软怕硬”——硬水的软化

水是我们日常生活所不能缺少的物质，和我们的生活息息相关。日常饮水大有学问。

我们看到的水，纯净透明，但是喝下去，并不一定是安全的，所以，我们将去研究什么样的水喝了是安全的，对我们的健康是有利的。

◆软水

硬　水

水的硬度是指水中钙、镁离子的浓度，硬度单位是 ppm，1ppm 代表水中碳酸钙含量 1 毫克/升。

根据水中所含钙、镁离子的浓度不同，可以把水分为硬水和软水两种。凡不含或含有少量钙、镁离子的水称为软水，反之称为硬水。硬水有暂时性硬水和永久性硬水之分，如果是由碳酸氢钠或碳酸氢镁引起的，是暂时性硬水（暂时性硬水煮沸后，碳酸氢钠分解，生成溶解度较小的碳酸盐而沉淀，水由硬水变成了软水）；如果水的硬度是由含有钙、镁的硫酸盐或氯化物引起的，系永久性硬水，经煮沸后不能去除。水的以上两种硬度合称为总硬度。

◆硬水

小知识——硬水和软水的划分

依照水的总硬度值大致进行划分：总硬度 0～30ppm 称为软水，总硬度 60ppm 以上称为硬水，高品质的饮用水不超过 25ppm，高品质的软水总硬度在 10ppm 以下。1 硬度单位表示每升水中含 10 毫克氧化钙，即 1 度＝10ppmCaO。在天然水中，远离城市未受污染的雨水、雪水属于软水；泉水、溪水、江河水、水库水，多属于暂时性硬水，部分地下水属于高硬度水。

在我们的日常生活中如何去区分软水和硬水呢？我们来做两个小实验：

动动手——硬水与软水的区分

鉴别硬水和软水（一）

取一杯热水，把肥皂切碎投入其中，肥皂能完全溶解，冷却后成为一种半透明液体（肥皂较多则成冻），即为软水；若冷却后水面有一层未溶解的白沫则为硬水。白沫越多，水的硬度越大。

鉴别硬水和软水（二）

还可以把烧杯中的水加热，在杯壁留下较多水垢的是硬水。因为硬水是含有较多的可溶性钙、镁离子的水，加热后，这些可溶性的钙、镁离子转化成溶解度较小的物质，沉淀杂质多的是硬水，杂质越多，水的硬度越大。

原理介绍

肥皂的成分是硬脂酸钠（$C_{17}H_{35}COONa$），在水中硬脂酸钠发生电离，形成硬脂酸根离子和钠离子。而一般硬水中存在大量的钙离子和镁离子，而硬脂酸根离子会和镁离子和钙离子结合生成硬脂酸镁和硬脂酸钙，硬脂酸钙和硬脂酸镁都是不溶于水的沉淀，因此，如果是将肥皂投入到硬水中，便会出现沉淀的现象。而软水中是不存在或仅存在微量的镁离子和钙离子，因此，如果是将肥皂投入到软水中，是不会出现有沉淀的现象，水是纯净透明的。

硬水的危害

我国《生活用水卫生标准》中规定，水的总硬度不能过大。如果硬度过大，饮用后对人体健康有不利的影响。硬水不仅会影响人的身体健康，而且会给生产生活带来一定的影响，工业生产也需要一定硬度标准的水。

讲解——硬水对生活和生产的影响

不经常饮硬水的人偶尔饮硬水，则会造成肠胃功能紊乱，即所谓“水土不服”，就是这个意思。用硬水烹调鱼肉、蔬菜，常因不易煮熟而破坏或降低营养价值，而硬水泡茶会改变茶的色香味而降低饮用价值，用硬水做豆腐不仅使产量降低，而且会影响豆腐的营养成分。

◆碗上的水垢

纺织和印染工业用水要求的硬度在0.56ppm以下，超过这个硬度，浆洗纺织物时，水中的钙、镁盐类就会和肥皂起作用，生成难溶于水的硬脂酸钙、硬脂酸镁等物质；这些物质会粘附在纺织物的纤维表面，使产品出现斑点，色彩暗淡，洁白度下降。

锅炉用水要求水的硬度在1ppm以下，如果长期使用硬水就会形成水垢，影响锅炉导热能力，从而大大增加燃料消耗，也会使锅炉的寿命大大降低。另外，水垢中的碳酸盐在高温时易发生热分解，并放出大量二氧化碳，会使水垢局部炸裂和脱落，当炉壁处于高温环境下，如果有水从水垢裂缝中渗入，炉壁骤冷即发生炸裂。

硬水的软化

水的软化原理是降低或几乎全部去除水中的钙、镁离子。暂时性硬水在加热煮沸过程中分解产生碳酸钙、碳酸镁等沉淀而软化。永久性硬水的软化方法很多。

知识库——永久性硬水软化的方法

1. 石灰纯碱法

在已知硬度的水中加入适量石灰和纯碱作为基本软化剂，以少量磷酸钠作辅助软化剂，同时加热，使其发生化学反应，这样使水中形成硬度的物质沉淀析出。此法得到的软水硬度可达1～2ppm。

◆纯碱

2. 离子交换法

水量较大的硬水处理可采用离子交换法。其简单过程是：使硬水通过阳离子交换剂，使水中的钙、镁离子与交换剂中阳离子交换，流出来的水便为软化水。一般软化水用的交换剂有沸石、磺化煤和离子交换树脂。

3. 电渗析法

◆软化水的设备

天然水中溶解了许多杂质离子，在外加直流电场（水中插入两个正负电极）的作用下，原来处于无规则运动的离子就会作定向迁移，阴离子通过阴离子交换膜向阳极迁移，阳离子通过阳离子交换膜向阴极迁移，由于阴、阳离子分别移向阳极或阴极，形成浓水区，从而使一部分水淡化。电渗析法可使软化水硬度达到0.9ppm以下。此法耗电量大，3吨原水可获得1吨软水。

4. 磁化法

磁化法是使水流过一个磁场（永磁或电磁），受磁场外力作用后，进入锅炉内的水中的钙、镁盐类不形成坚硬的水垢（化学成分并不改变），而生成松散的水垢或泥渣，容易排出。

水也听话吗？——自来水

◆自来水

人类的智慧无穷无尽，人们总是在自身的发展过程中，运用自己的智慧，去为自己创造优越的生活环境，同时也推动社会不断向前发展。

自来水的出现，是人类智慧的体现，它给我们的生活带来了便利，为社会的进步作出了贡献。

小事情，大智慧。我们将去研究自来水的生产及历史！

自来水

自来水是指通过水厂的取水泵站汲取江河湖泊及地下水和地表水，并经过沉淀、消毒、过滤等工艺流程，生产出来的符合国家饮用水标准的，供人们生活、生产使用的水，最后通过配水泵站输送到各个用户。

知识库——自来水的生产

◆自来水厂

通过水泵直接将水压上高楼，或将水输上水塔。由于水塔高于楼，利用U形管原理，使得水从每家的水管流出。

自来水是经过多道程序，通过专业设备对水进行净化的。自来水的处理过程是，首先必须把源头的水从江河湖泊中抽取到水厂，水源对水的质量影响很大；然后经过沉淀、过滤、消毒、入库，再由送水泵高压输入到自来水管道，最终分流到用户龙头。输送水是以前常用的铁管，因为时间一长铁管就会生锈，会造成严重的二次污染。

小贴士——自来水的消毒

现在自来水消毒大都采用氯化法，对水进行氯化的主要目的就是防止水传播疾病，这种方法沿用至今已有100多年历史了，具有较完善的生产技术和设备。氯气用于自来水消毒具有消毒效果好，费用较低，几乎没有有害物质等优点。但经过研究，用氯气来给自来水消毒存在一定的弊端，氯化消毒后的自来水能产生致癌物质。在现阶段，消毒剂除氯气外，还有二氧化氯、臭氧，采用代用消毒剂可降低有害物质的生成量，同时提高处理效率。目前世界上安全的自来水消毒方法是臭氧消毒，不过这种方法的处理费用太昂贵，而且经过臭氧处理过的水，它的保留时间是有限的，至于能保留多长时间，目前还没有一个确切的概念。所以目前只有少数的发达国家才使用这种处理方法。

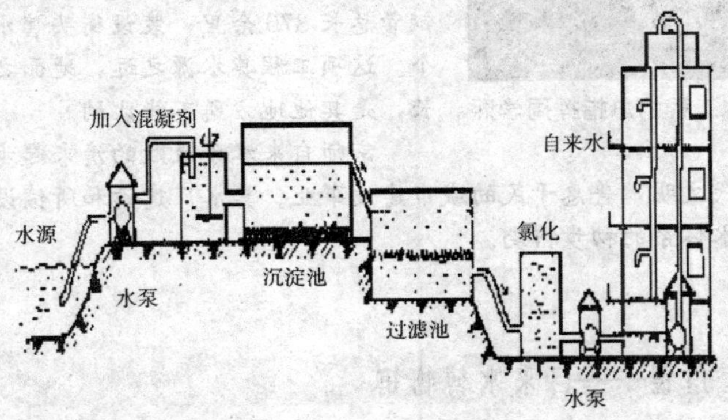

◆自来水生产流程图

自来水的历史

自来水的出现有一百多年的历史了，早在光绪二十九年（公元1903年）便有了自来水。光绪三十三年（公元1907年），京城屡遭火患，慈禧太后于颐和园召见袁世凯，让他出谋划策解决这个问题，袁世凯“以自来水对之”，同时袁世凯向慈禧太后举荐周学熙入京筹办此事。

人物介绍——周学熙

◆筹办自来水工程的总指挥周学熙

周学熙（1866～1947年），安徽至德县（今东至县）人，出生于官宦世家，书香门第。其父周馥，是洋务派首领李鸿章的重要幕僚。周学熙凭借着对国外近代工业文明的了解，以及在直隶创办实业所积累的经验，很快便拟就了《创设京师自来水公司大概办法》，是一份全面的、纲要式的自来水筹建规划书。京师自来水工程在周学熙的总理指挥下，经过22个月的精心规划，悉心组织，建成了孙河、东直门两座水厂，浊水、清水、滤沙等池18处，钢管总长370余里，装设街头售水龙头420余个。这项工程其水源之远，地面之广，管线之长，是其他地方所不能比的。

京师自来水于衰败的清末起步，称得上是一项迈向近代文明，普惠于民的城市建设事业。其水厂建设和所铺设的管道，奠定了京城供水体系的初步格局。

广角镜——自来水博物馆

1. 井碑

东直门水厂创建于1908年，并于1910年3月正式投产供水。水源为当时大兴县境内的孙河水，由孙河取水厂送来清水经东直门水厂消毒送出。1940年前后因孙河水严重匮乏，东直门水厂改用地下水作为水源。到1949年，北京仅此一座水厂。1932年适逢大旱，孙河水位急剧下降，水源行将枯竭。公司几位工程师建议打机井取用地下水。当时在如今的自来水博物馆院内共打了五口水源井。现在能看到1940年开凿的第一号水源井的井碑。

2. 聚水井

北京自来水博物馆有座漂亮的建筑叫来水亭，东直门水厂建成时叫“模范水亭”，建成于1910年，用于接收孙河取水厂处理后的水，沉淀消毒后送入清水池。

◆建于1938～1939年间的聚水井

聚水井建于1938～1939年间，是日本侵华时所建。当时北京城正处于大旱时期，水源地孙河水源不足。日本人为了获得稳定水源，便在自来水厂院内打井，开始引用地下水。当时共打了五口井，五口井的水便在这里汇聚。这些井的井盖都是铜制的，至今仍保存完好。

3. 烟囱

京师自来水厂的烟囱，虽然经过了近百年的沧桑，这个烟囱依然耸立着。此烟囱始建于1908年，由于中国此前从未建过自来水厂，于是请欧洲人来设计图纸。烟囱也具有了欧洲建筑的风格。但是中国工匠建造时，却采用了中国传统的磨砖对缝和糯米汤灌浆的建筑手法，每块砖的底部都有刻章，很偶然地形成了现在这种中西合璧的建筑风格。烟囱八角造型很别致，制造精良。

◆烟囱

1. 参照自来水生产流程图，看看每个流程在整个过程中的作用。
2. 为了使用的自来水更加安全，我们有什么更好的办法吗？

你喝的水安全吗？——水与健康

人体所含水分占人体重的75%左右，水分在人体内负责营养物质的输送和新陈代谢，维持人的生命活动。任何一个健康的人，每天都需要一定量的水，身体才能保持健康的状态。

◆生命之源——水

水是我们每天必不可少的。怎样饮水是科学的？什么样的水是安全的？这些问题可能在我们的生活中常常被忽视，但是，人们常说："细节决定成败"，所以生活的细节我们也要关注。

水与健康

◆我们离不开水

我们的生活离不开水，水与健康的关系密切。水是人体的必需要素，只有不断补充适量的水分，人才能保持健康的状况。水里含有的一些矿物质、营养元素，可以促进身体的健康。然而，水污染也会对我们人体的健康造成危害，所以我们一定要注意合理饮水和饮水安全。

水是人体必需的，但我们也要注意合理饮水。人喝的水少了，可能会造成尿结石或引起营养不足。但也并不是说水喝得越多越好，因为人体就如同一个水泵，水太多会引起水肿，心血管的承受能力也会下降，所以要合理"饮水"。

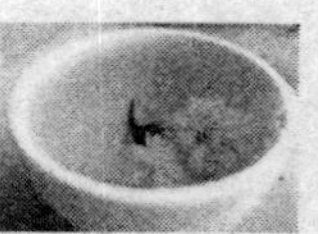

除了合理饮水，我们还要注意饮水的安全。我们日常用的自来水工艺已经100年没有变了，但是水源污染越来越严重。输水管道的问题，国外的输水管道是10年到15年更换一次，我们国家五六十年都没变，水箱也是很久不换，这些都是安全隐患。另外，一些过滤剂和水中的有机物结合，会产生很多的副产物，可能会致癌。现在水污染越来越严重，这些都是目前饮水的不安全因素，也是世界性的因素。

小贴士——合理饮水

在早晨，人体经过一晚上休眠和蒸发，可以适当多喝一点水，以补充身体代谢失去的水分。此外，清晨起床后饮水还能刺激胃肠的蠕动，可有效地增加血溶量，稀释血液，降低血液稠度，促进血液循环，防止心脏血管疾病的发生，还能让人的大脑迅速恢复清醒状态。同时要注意早晨喝水的关键：空腹，清晨喝水必须是空腹喝；慢饮，要小口小口地吞咽，因为饮水速度过猛对身体非常不利，可能引起血压降低和脑水肿，导致头痛、恶心、呕吐。清晨起床时是新的一天身体补充水分的关键时刻，此时喝300毫升的水最佳。

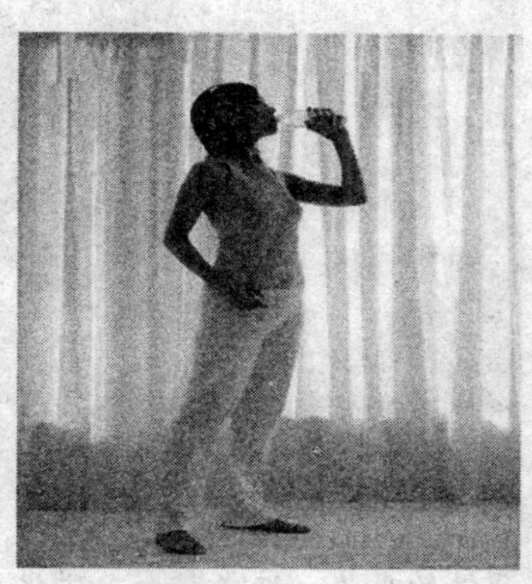

◆早晨应补充水分

水与美容

健康离不开水，美容护肤更离不开水。饮水与美容的关系至今仍有争议。多数人认为喝水有利于皮肤健康。不同年龄，不同性别的人，体内的含水量虽不同，但至少占体重的一半以上，人体缺水会使皮肤变得干燥、无弹性，产生皱纹，面色也会显得苍老。因此，为了美容和健康，还是提倡多喝水。每日喝6～8杯水，对美容是有益的。水分在皮肤内的滋润作用不亚于油脂对皮肤

◆人体离不开水

的保护作用，体内有充足的水分，才能使皮肤丰腴、润滑、柔软，富有弹性和光泽。据美容专家介绍，经常用凉开水洗脸能使皮肤保持足够的水分，而显得柔软细嫩，富有光泽和弹性。此外，还应多吃含水分多的蔬菜和水果，注意保持室内适宜的湿度，对皮肤美容有益。

小贴士——合理饮水

◆花茶一杯

不同的水还有其不同的美容功效。矿泉水中含有多种无机盐，如钙、镁、钠、二氧化碳等成分，能健脾胃、增食欲，经常饮用能使皮肤细腻光滑。在水中加入鲜橘汁、番茄汁、猕猴桃汁等，有助于减退色素斑，保持皮肤张力，增强皮肤抵抗力。在水中加入花粉，可保持青春活力和抗衰老。此外，红茶、绿茶都有益于健康，并有美容护肤功效。茶叶具有降低血脂、助消化、杀菌、解毒、清热利尿、调整糖代谢、抗衰老、去斑及增强机体免疫功能等作用。但不宜饮浓茶及过量饮茶，以免妨碍铁的吸收，造成贫血。磁化水的磁化水分子小，易渗透到细胞内，有利于细胞内外的物质交换，因此有利于美容。电解活性离子水，是目前被世界各国越来越多的人所接受的一种提高自身免疫功能、预防疾病的日常饮用保健水。饮用后能迅速进入细胞的每一个角落，与自由基相结合，对降低血液中自由基含量，增强体质，防治疾病，延缓衰老和护肤美容都有益处。

小知识——水蒸气和活性水美容

1. 活性水美容

温开水即是美容专家常说的活性水，但这种温开水必须是在水烧沸后骤然降温至20℃～25℃，才具有最佳的生理活性。活性水与人体细胞内的水十分近似，它能够很快穿过细胞壁进入细胞内，补充细胞所需的水分。

另一种取得活性水的方法是，将新鲜瓜果切成片敷于面部，或者将挤出的汁液涂在面部皮肤上。由于植物细胞内的水分和人体细胞内的水分生理活性相接近，所以也能够迅速进入人体细胞，起到滋养皮肤的作用。此种方法还可以使皮肤得到维生素，以及一些重要的微量元素。

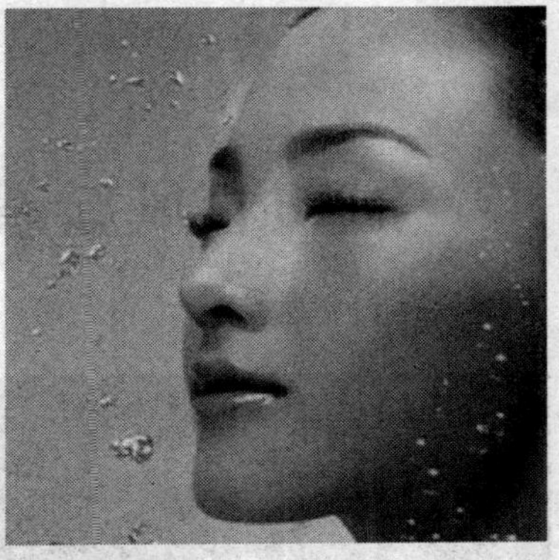
◆活性水美容

2. 水蒸气美容

水蒸气的热力作用，能软化毛孔的堵塞物、扩张毛孔和毛细血管，使水分子透过毛孔、毛囊壁渗透到表皮细胞，从而达到补充皮肤水分、促进血液循环、延缓皱纹出现的目的。每天熏蒸时间是：干性皮肤 3 分钟，中性皮肤 5 分钟，油性皮肤 7 分钟至 10 分钟。

◆水蒸气美容

拓展思考

1. 你知道健康的人一天需要摄入多少水吗？怎样饮水是正确科学的？

2. 沸腾的水冷却后，如果我们重新把它烧沸再饮用，会影响我们的健康，你知道为什么吗？

温婉春风新茶香——中国的茶文化

◆沁人心脾——茶

茶，有着悠久的历史，它发于神农，闻于鲁周公，兴于唐朝，盛于宋代。中国茶文化把中国儒、道、佛诸派思想融为一体，独具一格，是中国文化中的一朵奇葩。

品茶，是一种人生，是一种文化，更是一种乐趣。不同的人品茶可以品出不同的意境。唐代的刘贞德曾经总结说，茶有十德：以茶散郁气；以茶驱睡气；以茶养生气；以茶除病气；以茶利礼仁；以茶表敬意；以茶尝滋味；以茶养身体；以茶可行道；以茶可养志。由此可知，茶在中国已经不单纯是一种饮料，它代表着一种文化，一种价值取向，表达了对情感、对生命的态度，有着更深层次的精神境界。

茶的起源

我国何时开始饮茶，大家众说纷纭。追溯中国人饮茶的起源，有的认为起于上古，有的认为起于周，起于秦汉、三国、南北朝、唐代的说法都有，造成众说纷纭的主要原因是因唐代以前无“茶”字，而只有“荼”字的记载，直到《茶经》的作者陆羽，方将荼字减一画而写成“茶”，因此有茶起源于唐代的说法。有人认为茶起源于神农氏。陆羽《茶经》有记载云：“茶之为饮，发乎神农氏，闻于鲁周公……”，传说“神农尝百草，日遇七十二毒，得茶而解”。

◆茶的历史

中国是发现与利用茶叶最早的国家，至今已有数千年的历史。茶树原产于中国的西南部，云南等地至今仍生存着树龄达千年以上的野生大茶树。据历史的记载四川、湖北一带的古代巴蜀地区是中华茶文化的发祥地。中国的茶早在西汉时便传到国外，汉武帝时曾派使者出使印度支那半岛时，所带的物品中就有茶叶。南北朝永明年间，中国茶叶随出口的丝绸、瓷器传到了土耳其。唐永贞元年，日本最澄禅师回国，将中国的茶籽带回日本。从此之后，茶叶从中国不断传往世界各地，使许多国家开始种茶，并且有了饮茶的习惯。

小知识——关于茶由来的传说

◆茶韵

据茶史考证，相传在公元前2700多年以前，神农氏“尝百草，日遇七十二毒，得茶而解之。”神农就是远古三皇之一的炎帝。

神农为了给人治病，经常到深山野岭去采集草药，他不仅要走很多路，而且还要对采集的草药亲口尝试，体会、鉴别草药的功能。有一天，神农在采药中尝到了一种有毒的草，顿时感到口干舌麻，头晕目眩，他赶紧找一棵大树背靠着坐下，闭目休息。这时，一阵风吹来，树上落下几片绿油油的带着清香的叶子，神农随后拣了两片放在嘴里咀嚼，没想到一股清香油然而生，顿时感觉舌底生津，精神振奋，刚才的不适一扫而空。他感到好奇怪，于是，再拾起几片叶子细细观察，他发现这种树叶的叶形、叶脉、叶缘均与一般的树木不同。神农便采集了一些带回去细细研究，后来将它定名为“茶”，在百草之外，茶被认为是一种养生之妙药。这就是茶的最早发现。此后茶树渐被发掘、采集和引种，被人们用作药物，供作祭品，当作菜食和饮料。

茶文化的形成及发展

◆韩师训墓壁画——妇人饮茶听曲图

茶文化是指人类社会历史实践过程中所创造的与茶有关的物质财富和精神财富的总和，有广义和狭义之分。广义的茶文化，包括茶中的自然科学和人文科学两方面。从狭义上讲，着重于茶的人文价值，主要指茶的精神和社会的功能，现在常讲的茶文化偏重于此。

知识库——中国茶文化的形成

◆山茶会图〔明〕文徵明

三国以前是茶文化的启蒙时期，这时茶以物质形式出现而渗透至其他人文科学中。

到晋代、南北朝时期，出现茶文化的萌芽。文人饮茶之兴起，有关茶的诗词歌赋日渐问世，茶已经脱离作为一般形态的饮食而走入了文化圈，起着一定的精神、社会作用。

在唐代，茶文化已经慢慢形成。公元 780 年陆羽著《茶经》，是唐代茶文化形成的标志。

唐朝之后，宋代茶文化开始兴盛。

在宋代茶业已有了很大发展，同时也推动了茶文化的发展，在文人中出现了专业品茶社团。到明、清时期，茶文化已经走向普及。

新中国成立后，我国茶文化也不断发展。茶物质财富的大量增加为我国茶文化的发展提供了坚实的基础，各种以弘扬茶文化为宗旨的社会团体不断涌现，随着茶文化的兴起，各地茶艺馆越办越多，并且还举办各种茶叶节。这些都以茶为载体，促进经济贸易的发展。

茶 艺

中华茶艺古已有之，但在很长的时期都是有实无名。中国古代的一些茶书，如唐代陆羽的《茶经》，宋代蔡襄的《茶录》、赵佶的《大观茶论》，明代朱权的《茶谱》、张源的《茶录》、许次纾的《茶疏》等，对中华茶艺记载较详。

◆茶艺表演

什么叫“茶艺”呢？目前茶文化界，对茶艺的理解有广义和狭义两种，广义的理解缘于将“茶艺”理解为“茶之艺”，主张茶艺包括茶的种植、制造、品饮之艺，有的扩大成与茶文化同义，甚至扩大到整个茶学领域；狭义的理解缘于将“茶艺”理解为“饮茶之艺”，将茶艺限制在品饮及品饮前的准备——备器、择水、取火、候汤、习茶的范围内。

◆太极茶艺

现在所说的“茶艺”即饮茶之艺，是艺术性的饮茶，是饮茶生活艺术化。中国是茶艺的发源地，目前世界上许多国家、民族都有自己的茶艺。中华茶艺是指中华民族发明创造的具有民族特色的饮茶艺术，主要包括备器、择水、取火、候汤、习茶的技艺以及品茗环境、仪容仪态、奉茶礼节、品饮情趣等。

小知识——茶艺的分类

◆茶道表演

我国地域辽阔，饮茶的历史悠久，各地的茶风、茶俗、茶艺各不相同。对于茶艺的分类目前尚无统一标准，一般可采取以人为主体分类，以茶为主体分类或以表现形式的不同来分类。

以人为主体分类，即以参与茶事活动人的身份不同进行分类这样可分为宫廷茶艺、文士茶艺、民俗茶艺和宗教茶艺四大类型。

以茶为主体来分类，我国的自然茶分为绿茶、红茶、乌龙茶（青茶）、黄茶、白茶、黑茶等六类，花茶和紧压茶虽然属于再制茶，但在茶艺中也常用。所以以茶为主体来分类，茶艺至少可分为八类。根据茶艺的表现形式可分为表演型茶艺和待客型茶艺两大类。

小资料——宫廷茶艺、文士茶艺、民俗茶艺和宗教茶艺简介

宫廷茶艺是我国古代帝王为敬神祭祖或宴赐群臣进行的茶艺，比较有名的有唐代的清明茶宴、唐玄宗与梅妃斗茶、唐德宗时期的东亭茶宴等等均可视为宫廷茶艺。宫廷茶艺的特点是场面宏大、气氛庄严、茶具奢华、等级森严且带有政治教化、政治导向等政治色彩。

◆湖州茶山境会

文士茶艺是在历代儒士们品茗斗茶的基础上发展起来的茶艺。比较有名的

有唐代吕温写的三月三茶宴，颜真卿等名士在月下啜茶联句，白居易的湖州茶山境会等等。文士茶艺的特点是文化内涵厚重，品茗时注重意境，茶具精巧典雅，表现形式多样，气氛轻松怡悦，有修身养性之真趣。

我国是一个多民族国家，各民族对茶虽有共同的爱好，但品茶却有着不同的习俗。在长期的茶事实践中，不少地方的老百姓创造出了有独特韵味的民俗茶艺。如藏族的酥油茶、蒙古的奶茶、白族的三道茶等等。民俗茶艺的特点是表现形式多姿多彩，具有极广泛的群众基础。

我国的佛教和道教与茶有很深的联系，僧人们常以茶礼佛、以茶祭神、以茶助道、以茶待客、以茶修身，所以形成了多种茶艺形式。目前流传较广的有禅茶茶艺和太极茶艺等。宗教茶艺的特点是特别讲究礼仪，气氛庄严肃穆，茶具古朴典雅，强调修身养性或以茶释道。

茶与养生

饮茶对我们的身体健康有利，茶叶中所含的多种成分有益于身体健康。

小贴士——茶的作用

◆绿茶

随着科学的发展，现已知茶叶中含多种化合物，其中有可溶性蛋白质、氨基酸、碳水化合物和多种维生素，特别是绿茶中的维生素C、维生素B和维生素P，是体内新陈代谢中不可缺少的成分。此外，一些茶中的微量元素如铜、氟、铁、铝、锰、锌、锶、钙、镁等，可以补充人体对矿物质的需要，对人体健康和延缓衰老也起着重要的作用。最近还发现茶中含有一种能加强毛细管壁的具有维生素P活性的茶多酚。茶叶中的咖啡因能兴奋高级神经中枢，使人精神兴奋、消除疲劳；又能兴奋心脏，有强心作用，也不增高血压。茶碱和咖啡因都有利尿作用，可以增加胃液分泌。茶叶中还含有鞣酸，它有收敛、止血、杀菌等功能，如有误服金属盐类或生物碱等毒物，尚未吸收时，服浓茶还可以解毒。茶能抑制痢疾杆菌，故对细菌性痢疾有一定治疗效果。咖啡因与茶多酚协同作用，可防止人体内胆固醇的升高，有防治心肌梗塞的效能。还有研究证实中国茶叶，尤其是绿茶，可以预防亚硝基化合物对人体可能造成的致癌危险。

1. 查阅资料，了解我国的茶文化，茶道和茶文化有什么联系和不同？
2. 说说我国各个地方与茶相关的习俗。
3. 不同的茶有不同的作用，了解不同的茶的不同功效。

水的神奇力量——水刀

水总是以柔为美，虽然波涛海浪有无穷的力量，但是可别小看涓涓细流。俗话说："水滴石穿"，你可别小看水滴和细小水流的力量。

水刀就是细水流力量的最好体现，它可比我们平时用的刀具锋利精细多了。让我们一起去看看"水"怎么就变成"刀"了呢？

◆水刀

水　刀

1. 水刀的历史

诺曼·弗朗茨博士一直被公认为水刀之父，他是研究超高压水刀切割工具的第一人。弗朗茨博士是一名林业工程师，他一直在寻找一种把大树干切割成木材的新方法。1950 年，弗朗茨第一次把很重的重物放到水柱上，迫使水通过一个很小的喷嘴，获得了短暂的高压射流，然后利用射流来切割木头和其他材料。

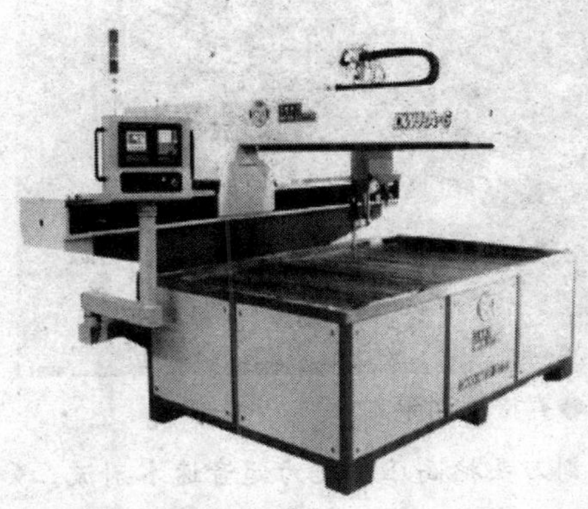

◆水刀的整套装置

弗朗茨博士发现用水刀来切割木材，是超高压技术最不重要的应用之一。但弗朗茨博士证明了高速会聚水流具有极大的切割能量，而这种能量的应用远远超出了我们的想象。

在弗朗茨博士对这种超高压用于切割的水刀进行研究之后，1979年，穆罕默德·哈希什博士又开始研究增加水刀切割能量的方法，以便切割金属和其他硬质材料。哈希什博士被公认为加砂水刀之父，他发明了在普通水刀中添加砂料的方法。他使用石榴石（砂纸上常用的一种材料）作为砂料。使用这种加砂水刀，水刀切割能量增加，能够切割几乎任何材料。1980年，加砂水刀第一次被用于切割金属、玻璃和混凝土。1983年，世界上第一套商业化的加砂水刀切割系统问世，被用于切割汽车玻璃。该技术的第一批用户是航空航天工业，他们发现水刀是切割军用飞机所用的不锈钢、钛和高强度轻型合成材料以及碳纤维复合材料的理想工具。从那以后，加砂水刀被许多其他工业采纳，例如加工厂、石料、瓷砖、玻璃、喷气发动机、建筑、核工业、船厂等等。

原理介绍——水刀原理

◆直接驱动泵

水刀的原理既简单又复杂。在最基本的情况下，水从泵流过，经过管道，然后从切割刀头流出。操作和维护都很简单。但是，这一过程包含非常复杂的材料技术和设计。为了生成和控制高的水压，在这种压力下，如果设计不当，微小的泄漏有可能对工件造成永久的侵蚀性损害。所以要很好地去应用水刀，必须弄懂水刀的原理及如何操作。

无论何种形式的水刀，必须首先对水加压。泵是水刀系统的核心成员。对水进行加压并连续输出水流，从而让切割刀头把高压水变为超音速水射流。

水刀应用一般采用两种泵：增压泵和直接驱动泵。直接驱动泵也是一种相对新型的高压泵，尽管直接驱动泵被某些工业应用，目前绝大多数用于水刀的超高压泵还是增压泵。

广角镜——水刀的分类

纯水水刀是最早的水切割方法。第一次商业应用始于20世纪70年代中期，用于切割瓦楞纸板。纯水水刀最大的应用是切割抛弃式尿布、棉纸和汽车内饰件。对于棉纸和抛弃式尿布，与其他技术相比，水刀技术在材料上会留下水分。

◆纯水刀切割刀头

加砂水刀与纯水水刀只有几点不同。在纯水水刀中，由超音速水流侵蚀材料。在加砂水刀中，由水射流加速砂料颗粒，然后由这些颗粒（而非水）侵蚀材料。加砂水刀的能力比纯水水刀强大成百上千倍。每台加砂水刀都包括纯水水刀。生成纯水射流后加入砂料。然后砂料颗粒沿刀管被加速，就像步枪子弹那样。加砂水刀切割所用的砂料是经专门筛选、大小一致的硬砂。最常用的砂料是石榴石。

◆动态水刀

纯水水刀和加砂水刀都有其用武之地。纯水水刀可切割软质材料，而加砂水刀则切割硬质材料，如钢材、石材、复合材料和陶瓷。

视觉上的“革命”——水幕电影

电影的出现，使我们的精神生活更加丰富多彩。它丰富了生活，也给我们传递信息。然而，随着科技的发展，人们也在不断地探索和追求，水幕电影就是不断探索的结果。它的出现，使光影和水完美地结合，给人带来精神上的享受和视觉上的震撼，称得上是一次视觉上的革命。

在此，我们将一起去解密“水幕电影”。

◆水幕电影——视觉革命

水幕电影

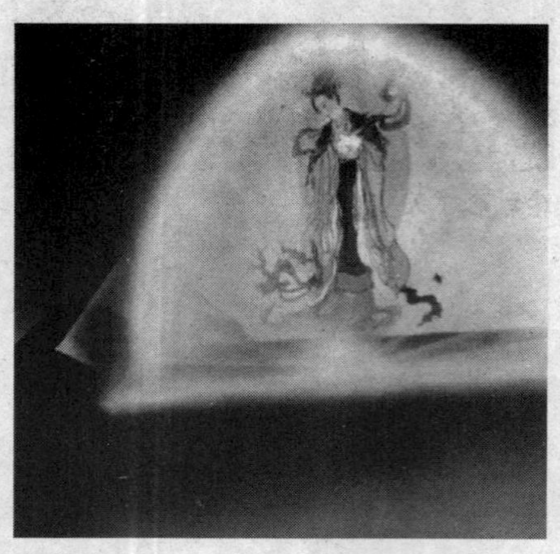
◆水幕电影

水幕电影出现于20世纪80年代，由激光演示系统、放映机系统、水幕发生器、音响系统组成，比银幕电影要好看。它摒弃了常用的白布、墙面，改用水幕作为投影载体，通过高压水泵和水幕发生器将水高速喷出，雾化后形成“银幕”，再由专用放映机将影像投射出来。由于屏幕是透明水膜，因此在影像播放时有一种特殊的光学效果，屏幕的视觉穿透性使画面具有立体感，影片内容与水面巧妙地结合，扇形水幕与自然夜空融为一体，令观众有身临其境之感，令人神往。

原理介绍——水幕电影原理

◆高压水泵

水幕电影是通过高压水泵和特制水幕发生器，将水自上而下，高速喷出，雾化后形成扇形“银幕”，由专用放映机将特制的录影带投射在“银幕”上，形成水幕电影。当观众在观看电影时，扇形水幕与自然夜空融为一体，当人物出入画面时，好似人物腾起飞向天空或自天而降，产生一种虚无缥缈和梦幻的感觉，令人神往。

水幕电影投影机由机械装置、控制支架、通讯口、软件、时间信号界面及DMX512接口组成。该投影机的发动机通过光学传感控制，精度高，其控制方法有三种：编程控制、直接控制和实用程序控制。水幕高达20余米，宽30～50米，各种VCD光盘或水幕专用影片均可在水幕上播放，影视效果奇特、新颖，并是极佳的广告宣传工具，各种广场及阔旷的水面均可安装水幕电影。

水幕电影的优越性

◆水幕电影的水幕

用法国国际水秀公司（Aquatique Show）的水屏技术，可以在一个完全由水构成的屏幕上进行动像或定像的放映。这一透明的屏幕由水下系统制造，此系统可以安装在船上、水畔、海边、水池里或在专门安放的水池里。此水屏在未启动时是隐蔽不见的，它随着

表演的进行时隐时现。它的另一个优越性是眼睛看到的画面是三维的立体效果。

轶闻趣事——英国工程师揭秘水幕电影

◆水幕电影《大唐芙蓉园》

元宵佳节，西安市民被大唐芙蓉园芙蓉湖水面上升起的“海市蜃楼”强烈震撼了。在跨度120米、纵深450米的表演水域内，水幕电影《大唐追梦》融自然景色与人文景观、高科技与艺术、水与火、魔幻与真实、浪漫与激情为一体，呈现出水火交融、水光一色、光怪陆离、奇幻瑰丽的壮观场景。但这场巧夺天工的水上电影是怎样营造出来的呢？

技术总监罗伯特做了解说。大唐芙蓉园的“水秀”表演比其他激光水幕电影内容更丰富，是水幕电影、音乐喷泉、艺术激光、水中焰火等多种艺术元素的完美结合。那一束束炫目的激光是由激光控制系统编程控制的，发出多种多样的图案及色彩，照射在晶莹透明的水膜上形成斑斓美丽的奇异效果。

据他介绍，以前国内最大的水幕电影表演水域跨度120米、纵深80米，而大唐芙蓉园的水幕电影表演水域远远大于这个数字。他认为，无论从技术手段还是设备的先进程度上，大唐芙蓉园的水幕电影绝对能达到世界顶尖、亚洲第一的水平。

看不见的“手”
——水与气候、农业的关系

我们的地球大部分被水覆盖，水以不同形式存在着。天空中的白云里，风霜雨雪，都是水存在的各种形式，各种不同形式相互转化，从天上到地下，形成一个大的水循环。

水循环对人类生存的环境条件、气候和农业生产都有重要的影响。那么，水循环是通过怎样的方式来产生影响的呢？我们将去探究这些问题！

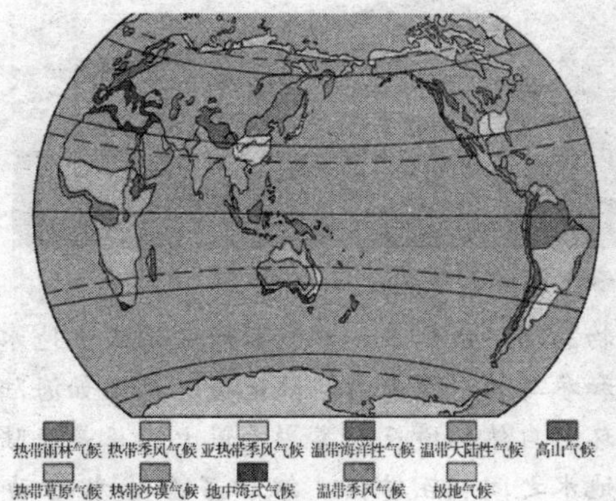

◆世界气候类型分布图

水与气候的关系

水对气候具有调节作用。大气中的水汽能阻挡地球辐射量的60%，保护地球不会变得很冷。海洋和陆地中的水体，在夏季能吸收和积累热量，使气温不致过高；在冬季则能缓慢地释放热量，使气温不致过低。在自然界中，由于不同的气候条件，水还会以冰雹、雾、露水、霜等形态出现并影响气候和人类的活动。

◆美丽的云朵

小知识——水循环

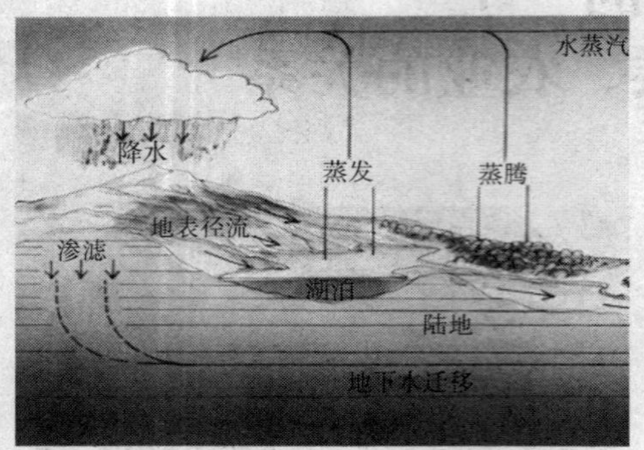

◆水循环示意图

海洋和地表中的水蒸发到天空中形成了云，当云满足一定的条件时，云中的水就通过降水落下来变成雨，冬天则变成雪。落于地表上的水渗入地下形成地下水；地下水又从地层里冒出来，形成泉水，经过小溪、江河汇入大海，这样地球上就形成一个水循环。

在海洋内部和陆地内部也存在着水循环运动。陆地循环通过蒸发或植物蒸腾形成水汽，水汽凝结又形成陆地水。这就是水的陆地循环。但从空间范围和参与的水量来看，陆地循环都不如海陆间水循环的规模大。因此，海陆间水循环对自然环境及人类影响最大。正是海陆间水循环，实现了海洋水、大气水和陆地水之间相互转化，维护了全球水的动态平衡，促进了陆地淡水资源的不断更新。

水循环显著影响着气候变化、天气和人类生存，所以对影响全球水循环的关键变量进行观测和监控，有助于理解全球气候、预测天气情况和旱涝灾害，改善水资源的管理。近来对地观测卫星技术的发展使得从太空中研究这些变量成为可能，为对地观测和水循环科学开启了一个新的纪元。

◆冰川融化图

水对气候能起到调节作用，相反，气候的变化也会对水循环产生一定的影响。随着全球气候变暖，气候的变异性变得越来越难以捉摸，极端的天气事件频繁发生。气候变化改变了水循环，其变化趋势对世界水资源的管理提出了严峻的考验。

水与农业的关系

植物中含有大量的水，约占体重的80%，蔬菜含水90%～95%，水生植物含水量达到98%以上。水替植物输送养分；水使植物枝叶茂盛；水参与光合作用，制造有机物；水的蒸发，使植物保持稳定的温度而不致于被太阳灼伤。

◆种子发芽需要水分

植物不仅含水量高，作物的一生都在消耗水。种子播入农田，需要充足的水分，这样，种子才能萌发成幼苗。要使幼苗茁壮成长，开花结果，仍要给予足够的水分。植物的光合作用和新陈代谢的过程都和水有着密切的关系。

展望——水与我国农业发展的关系

◆地下水漏斗

水是农业的命脉，直接制约着我国农业的发展。目前中国农业可持续发展中用水存在的主要问题，一是农业用水过大，水资源浪费严重。中国农业用水量占总用水量的70%以上。由于农业上对水资源管理不善，灌溉技术落后，造成水资源的大量浪费。二是地下水超采，引发农田生态环境问题。据统计，全国已经出现了56个地下水区域性下降漏斗，其中华北平原情况最为严重。地下水超采，引起地面沉降、地裂缝和地面塌陷。沿海地区的农田，由于地下水超采，破坏了淡水与海水的平衡

◆滴灌技术

关系，还引起海水入侵，使水质恶化，不仅影响人畜饮用，而且导致农业减产。

为了实现21世纪中国农业的可持续发展，必须实施节水高效的农业建设，提高水的利用率，减少不必要的浪费。节水灌溉技术应以改进地面灌溉为主，有条件地发展喷灌和滴灌。要十分重视农业节水技术，使水利工程和农业技术结合，更好地提高用水效率。通过节水农业措施，减少作物的蒸发蒸腾量，节约水资源量。同时，大力开发利用空中云水资源；加大对水资源污染治理的投入，减少工业“三废”和农药、化肥残留污染，提高水资源污染防治能力。

水是生命之源，它与我们生活的方方面面密切相关。农业是我国社会和经济发展的基础，水又是农业之本，所以，我们一定要合理有效地去利用水资源发展我们的农业。

1. 水在哪些方面影响气候变化？水是怎样去影响气候的？
2. 水对农业的可持续发展有什么重要意义？
3. 全球气候变暖对水循环有什么影响？

水能载舟　亦能覆舟
——与水相关的自然灾害

◆他们是我们最可爱的人

水是我们的生命之源，正是由于水的存在，才使我们生活的地球生机勃勃，才有了今天的文明。但是水给我们带来的自然灾害，无情地夺走了成千上万人无辜的生命，摧毁了人类的家园。几乎每天我们都能听到此类事件的发生，它的破坏力让我们无法想象，给我们造成的损失更是触目惊心。

水带来的灾害，让我们对水的威力产生了敬畏。所以，我们要利用人类所具有的智慧，去了解各种自然灾害发生的原因及特点，才能在灾害发生的时候把损失降到最低。

水引起的自然灾害

◆洪水冲毁了道路

在自然界中，与水相关的风险时时处处存在。当地球的一个地方爆发洪水时，在另一个地方却正遭受干旱。这些自然灾害都有可能给人们带来巨大的灾难。自然灾害对经济影响的趋势日益上升，特别是与水相关的灾害，给人类造成的损失更是触目惊心。统计资料显示，由水引发的自然灾害在大洋洲占48%，美洲是35%，而亚洲自然灾害中的69%来自于洪水。同样的，死亡人数中71%与水文气象灾害有关。

小知识——与水相关的自然灾害的种类

与水相关的灾害包括有：热带风暴（飓风、台风等）和风暴潮；洪水；山崩和泥石流；雪崩和干旱（导致缺水）等。水是地球各种生物形式存在所应具备的最基本条件。此外，任何形式引发的河道遭受直接或间接的有毒物质的扩散，进而造成各种水污染，这也成为灾害的一种形式。

我们的祖先在极端恶劣的气候下创造了人类历史，也构成现今传统社会自身的知识宝库。人们总是根据经验预测潜在的危险，之后采取保护措施来控制灾难的发生。尽管如此，仍有必要让人们更多地了解这些灾害的特点。

风暴潮和海啸

风暴潮是一种灾害性的自然现象。由于剧烈的大气扰动，如强风和气压骤变导致海水异常升降，使受其影响的海区的潮位大大地超过平常潮位的现象，称为风暴潮。

当风暴潮抵达海岸，强风会卷起海水将其推向内陆地区，经常造成巨大的伤亡和损失。其巨大的力量将会吞没和摧毁沿途的一切事物。

还有一种巨大的快速移动的海浪被称为海啸，它是由于地震、火山爆发和海底移动引发而产生的。这些海浪在海上的移动速度可达每小时 100

◆风暴潮

◆海啸

多千米，但是由于海浪过长，很难被人注意到。尽管如此，当海啸抵达沿海地区时，经常会将海底之物掀到高空。

洪　水

◆洪水淹没了家园

洪水通常是指由暴雨、急骤融冰化雪、风暴潮等自然因素引起的江河湖海水量迅速增加或水位迅猛上涨的水流现象。

洪水已经成为自然界的“头号杀手”，地球上最可怕的力量。在20世纪末的20年间，在全球所有人中，每15个人都曾受到过洪水的危害。近年来，洪水泛滥次数不断增加，部分原因是全球气候的变暖，直接导致了北半球部分地区降雨量的突升。但是受到洪水影响的人口的巨幅增长却不能仅仅“怪罪”于全球变暖。越来越多的人将居住地选择在了洪水泛滥的平原上，这些地区需要经过认真的、综合的管理，才能兼顾人类的居住环境和自然环境的和谐。

热带风暴

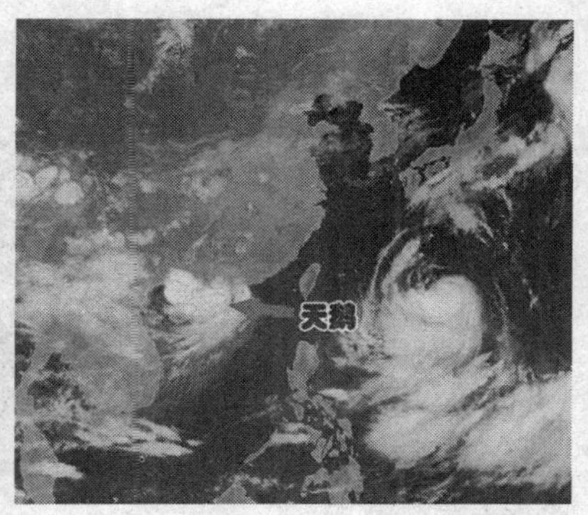

◆热带风暴“天鹅”卫星云图

热带风暴是热带气旋的一种，是指中心最大风力达17.2～24.4米/秒的热带气旋。其中心附近持续风力为63～87千米/小时，即8～9级风的风力，是烈风程度的风力。

热带风暴是所有自然灾害中最具破坏力的。每年飓风都从海洋横扫至内陆地区。强劲的风力和暴风雨过后留下的只是一片狼藉。近年来，破坏最严重的热带风暴当属“米其”飓风。

小知识——热带风暴的不同名字

每年大约80%的热带风暴发生在赤道中心地带。根据形成地区的不同，它们有了不同的命名：在太平洋和南中国海地区被称为台风；在北大西洋，加勒比海和墨西哥湾以及太平洋东北和中部地区被称为飓风；而在印度洋和西南太平洋则称为热带风暴。

山崩和泥石流

◆山崩

山崩是山坡上的岩石和土壤快速、瞬间滑落的现象。山坡愈陡，土石容易下滑，山崩就愈容易发生。而在连续的大雨之后，雨水渗入地下，增加土石的重量与下滑力，所以山崩也常在大雨之后发生。像台湾在台风后所发生的山崩多半是这个原因。解决山崩最好的办法就是植树造林。

◆泥石流

泥石流是指在山区或者其他沟谷深壑，地形险峻的地区，因为暴雨暴雪或其他自然灾害引发的携带有大量泥沙以及石块的特殊洪流。泥石流具有突然性以及流速快，流量大，物质容量大和破坏力强等特点。泥石流的成因主要是水的渗流。

山崩和泥石流是高度危险的灾害现象，每年都会造成全球上百亿美元的损失和几万人的伤亡。

雪 崩

在积雪的山坡上，当积雪内部的内聚力抗拒不了它所受到的重力拉引时，便向下滑动，引起大量雪体崩塌，人们把这种自然现象称做雪崩。也有的地方把它叫做“雪塌方”、“雪流沙”或“推山雪”。

雪崩是一种所有雪山都会有的地表冰雪迁移过程，它们不停地从山体高处借重力作用顺山坡向山下崩塌，崩塌时速度可达 20～30 米/秒，随着雪体的不断下降，速度也会突飞猛进，具有突然性、运动速度快、破坏力大等特点。它能摧毁大片森林，掩埋房舍、交通线路、通讯设施和车辆，甚至能堵截河流，发生临时性的涨水。同时，它还能引发山体滑坡、山崩和泥石流等可怕的自然现象。因此，雪崩被人们列为积雪山区的一种严重自然灾害。

自然灾害是人类赖以生存的自然界中所发生的异常现象，它对人类社会所造成的危害往往是触目惊心的，给人类的生产和生活带来了不同程度的损害。灾害是消极的并具有破坏作用的，是人类过去、现在、将来所面临的最严峻的挑战之一。

◆雪崩

1. 现有的灾害预警系统怎样才能更准确及时地预见灾害?
2. 在这些由水引起的自然灾害中，有可以利用的能量吗?

木无本必枯　水无源必竭

——水资源

水，多么熟悉的字眼；水，多么亲切的字眼；水，是万物生长的甘露；水，是我们生命的源泉！

你，化作冰山，巍峨高耸；汇成河流，碧波盈盈；融入大海，骇浪惊涛；一抹水帘，砰然万里。

奔腾不息的江河，星罗棋布的湖泊，壮阔浩瀚的海洋，皑皑的雪山——你是我心中最美的画。

晚霞蒙蒙，银波泛泛，微风掠起的波浪，好像亭亭舞动的少女拖着的裙幅，是那样柔，那样美。

多年以来我们一直认为水是“取之不尽、用之不竭”的资源。而今我们知道，你就像一位仁爱的母亲也会一天天衰老而去，水资源危机正一步步向我们逼来。增加节水意识，从自身的一点一滴做起。

上帝也会“偏心”
——世界的淡水资源

水是珍贵的资源，我们要保护水资源。如果没有水，那么就没有花草树木，没有虫鱼鸟兽，没有今天绚丽多彩的世界；没有水，生命将停止呼吸，那我们的地球将一片死寂，没有了生机。

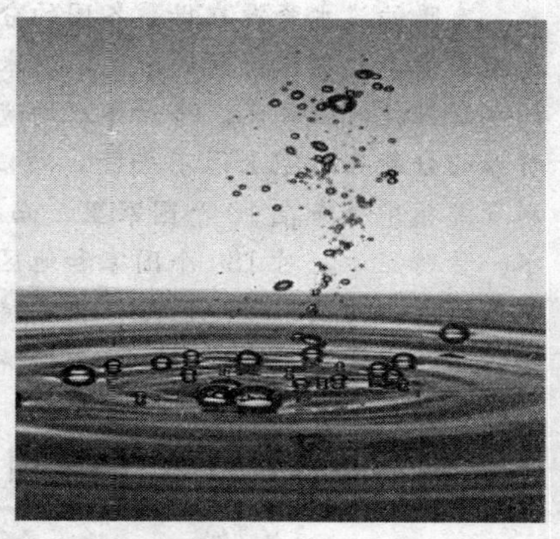

◆珍贵的水资源

所以，为了地球的美好明天，为了我们人类的美好未来，我们一定要珍惜水资源，注意保护水资源。因为水资源并不是取之不尽，用之不竭的资源，如果我们肆无忌惮地滥用，那么地球上的最后一滴水将是我们的眼泪。

世界淡水资源的分布

地球上的水资源，从广义上来说是指水圈内的水量总体。由于海水难以直接被利用，通常意义上的水资源指的是淡水资源。淡水资源在地球上储量是有限的，而能够为人类直接使用的淡水资源则更为有限。

◆淡水资源

地球表面总面积中水体面积达71%，水体总量达14亿立方千米，其中有97.5%是不能被直接使用的咸水，淡水资源只占2.5%，或者说只有0.35

亿立方千米。2.5%的淡水资源中又有69%的储量以固体冰川和永久冻冰的形态存在，难以为人类利用。

小资料——世界淡水资源的分布情况

有限的淡水资源在世界各国的分布呈现出显著的不均衡，差异较大。从一般情况来看，水循环活跃的地区，淡水资源比较丰富；水循环不活跃的地区，相应的水资源就比较贫乏。全世界人均淡水资源拥有量为7 342立方米，但由于淡水资源的分配在时空上很不平衡，所以，很多国家和地区都缺水。世界上65%的水资源集中分布在10个国家里，而人口占世界人口40%的80个国家却严重缺水。资料显示，对180个国家和地区的水资源状况进行排序，人均可用水量排序倒数后五位的国家和地区是：科威特、加沙地带、阿拉伯联合酋长国、巴哈马和卡塔尔。水资源最丰富的五个国家和地区是：丹麦的格陵兰、美国的阿拉斯加州、法属圭亚那、冰岛和圭亚那。

世界水资源

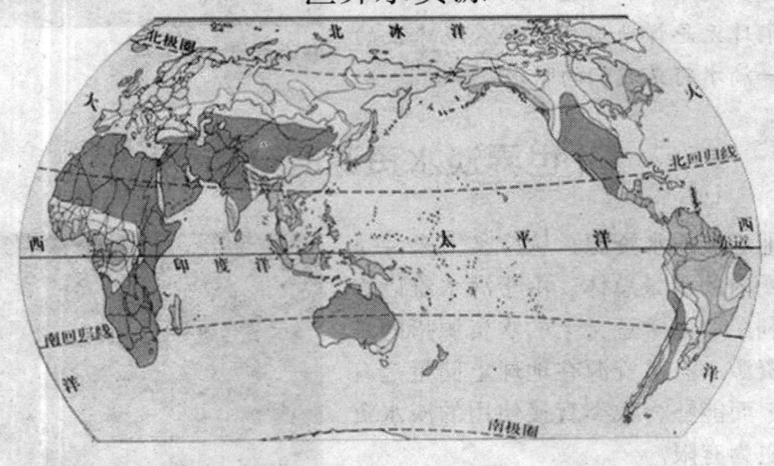

淡水资源严重缺乏地区（年降水量小于年蒸发量400毫米以上）
淡水资源基本满足地区（年降水量大于年蒸发量0–400毫米）
淡水资源缺乏地区（年降水量小于年蒸发量0–400毫米）
淡水资源丰富地区（年降水量大于年蒸发量400毫米）

◆世界淡水资源分布图

世界淡水资源的危机

水是人类生存所需的最基本的物质，地球上虽然水很丰富，但淡水资源却很有限。并且在时空上分布很不均衡，加上人类的不合理利用，使世界上许多地区面临着严重的水资源危机。

广角镜——世界淡水危机

◆水资源的短缺

淡水资源的危机，主要表现在几个方面：淡水资源的短缺、淡水资源的污染、淡水资源的争夺等。由于人口增长和经济发展所导致的人均用水量的增加，在过去的三个世纪里，人类提取的淡水资源量增加了 35 倍，20 世纪的后半叶，淡水提取量每年增加 4%～8%。淡水资源严重匮乏。随着社会的发展，对水资源的污染也越来越严重。水污染有三个主要来源，生活废水、工业废水和含有农业污染物的地面径流。随着对淡水需求量的不断增长，在许多干旱和半干旱地区，淡水成为决定经济发展的重要限制因素，部门之间、地区之间和国家之间争夺淡水资源的情况越来越突出。特别是在西亚和北非等一些干旱和半干旱地区，水贵如油，各国在跨国河流和地下蓄水层开发利用上的矛盾往往十分尖锐。有时甚至引发军事上的对峙，成为国际冲突的导火索。

淡水资源的保护

水资源保护是一个国家为了满足水资源可持续利用的需要，维护水资源的正常使用功能和生态功能，采取经济、法律、行政、科学的手段合理地安排水资源的开发利用，并对影响水资源的经济、生态属性的各种行为进行干预的活动。

◆水的合理利用

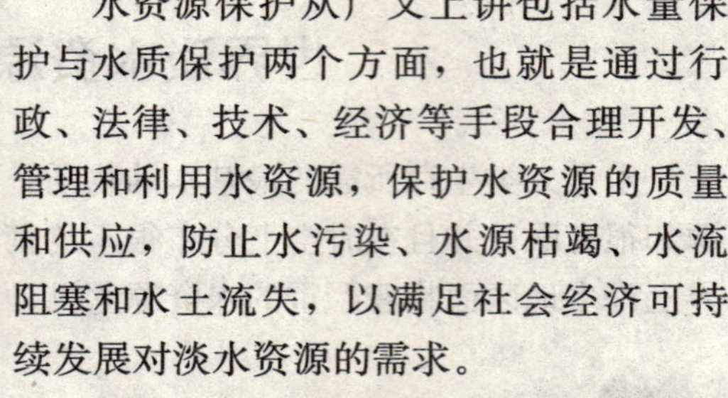

水资源保护从广义上讲包括水量保护与水质保护两个方面，也就是通过行政、法律、技术、经济等手段合理开发、管理和利用水资源，保护水资源的质量和供应，防止水污染、水源枯竭、水流阻塞和水土流失，以满足社会经济可持续发展对淡水资源的需求。

要树立惜水意识，开展水资源警示教育。长期以来，大多数人普遍认为水是取之不尽，用之不竭的，使用中挥霍浪费。其实，地球上的水资源并不是用之不尽的，而是很有限的珍贵资源。我们应当合理开发水资源，避免对水资源破坏；提高水资源利用率，减少水资源浪费；进行水资源污染防治，实现水资源综合利用。

◆保护水资源

1. 淡水是宝贵的资源，现在全球已经出现的淡水资源的危机是由什么原因造成的？

2. 保护淡水资源应该采取哪些有效的措施？

南多北少 东多西少——我国淡水资源分布不均

在淡水资源的分布上，中国和其他国家比并没有优势。我国的淡水资源总量不少，但是由于人口众多，人均占有量却很少，人多水少是对我国淡水资源状况最恰当的描述，并且我国淡水资源在空间分布上十分不均匀，总体呈现出：东多西少，南多北少的特点。

我国淡水资源的现状，使我国淡水资源的矛盾十分尖锐。所以，要想保持我国经济持续发展，必须解决水资源的问题。

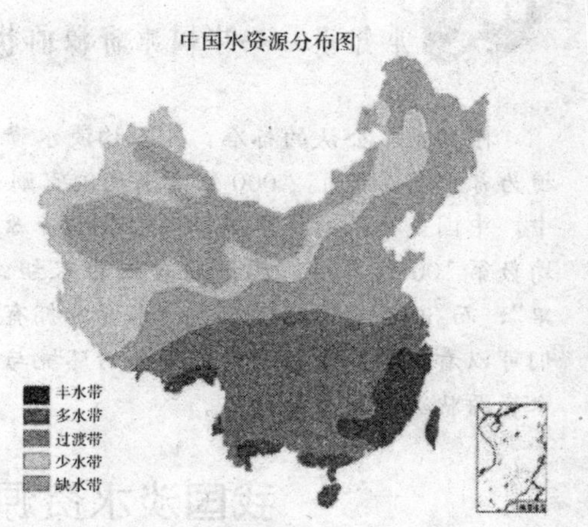

◆我国淡水资源分布图

我国淡水资源的分布

◆淡水资源的珍贵

在淡水资源方面，大自然对中华民族并不慷慨，从总量上看，我国淡水资源不算太少，全国河川径流总量有 2.711 5 万亿立方米，居世界第六位。但就水资源与国土面积、耕地面积相比而言，则处于世界中等偏下水平。人均水量仅及世界人均水平的 1/4，是美国的 1/5，前苏联、印尼的 1/7，加拿大的 1/50，而耕地亩均水量只及世界水平的 3/4，远低于印尼、巴西、日本和加拿大。

人均水量小是我国淡水资源状况最显著的特点。降水时间集中，又使得我国有限的淡水资源中可被利用的水量大大减少，并且降水空间分布不均匀，大体东南多西北少，正是由于我国淡水资源的这些特点，使我国淡水的供需矛盾日益尖锐。

小知识——中国水资源的状况

根据世界公认的标准，凡人均淡水资源拥有量低于 5 000 立方米的国家就被视为贫水国，低于 2 000 立方米的国家则为严重缺水国。在世界近百个缺水国家中，中国是公认的贫水国，人均淡水资源拥有量约为 2 200 立方米，排在世界人均数第 100 位之后，已被联合国粮农组织列入世界 12 个最贫水国家的“黑名单”；而 30 年后，中国人均淡水资源拥有量将不到 1 700 立方米。从这个数据我们可以看出人口优势给我们带来的环境与资源压力相当巨大，人多水少是我国淡水资源状况最显著的特点。

我国淡水资源的严峻形势

水在维持生命和保护环境中有着极为重要的作用，我国的淡水资源很匮乏。并且由于多种原因，我国淡水危机的形势更加严峻。

讲解——我国淡水资源形势严峻的原因

◆黄河出现断流

第一，水污染严重。资料显示，我国七大水系中，珠江、长江水质较好，黄河、海河、松花江、辽河水都受到不同程度的污染；1 200 条河流中，有 850 多条河受到不同程度的污染。四大海区近岸海域有机物和无机磷浓度明显上升，无机氮全部超标。

第二，水资源短缺。有的内陆河干枯，接近沙漠化。我国内陆河之首的新疆塔里木河，由于20世纪50年代的大规模开垦，全流域生态急剧恶化。20世纪60年代至90年代的30年间，塔里木河干流已由1 321千米缩短到1 001千米，缩短了1/4；水质急剧恶化，下游垦区已基本停止饮用；断流地区地下水位已由2米下降到16米以下；目前，塔里木河下游地区生态仍靠紧急输水维系。

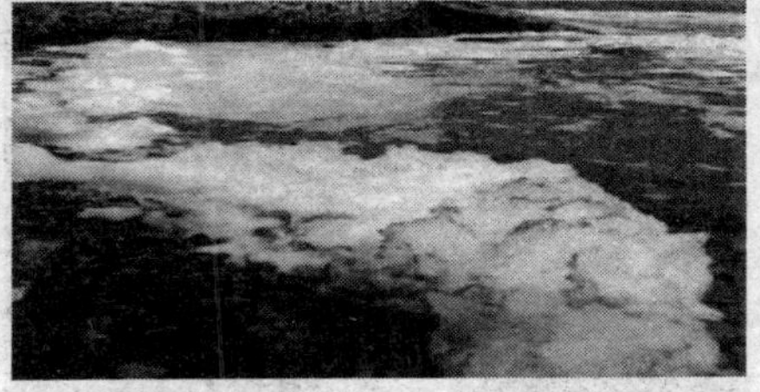
◆水体受到严重污染

第三，生物入侵我国水域，破坏了水中的生态环境。国家环保总局公布了首批入侵国内的16种外来物种黑名单，名叫紫茎泽兰的恶性杂草，名列第一。紫茎泽兰在入侵云南、贵州的大部分地区后，开始入侵广西；另一种危害很大的外来物种“水葫芦”在广西境内天然水域随处可见，对水域生态环境及自然景观造成不良的影响。

◆紫茎泽兰

淡水资源的保护和利用

加强水资源的管理，建立节水型经济。缓解我国水资源紧缺的局面，关键在于提高用水效率，建立节水型经济。

宜建立污水处理系统，使污水资源化，减小重金属对水体的危害，注意对有机污水的治理。

◆污水处理设备

开发和利用天空水资源。天空水（即空气中的含水量）只有28万亿吨，仅占全球总水量的0.002%。天空水总量虽少，但其循环很快，循环周期仅8.7天，而地下及地表水循环周

◆美丽的云中蕴含大量的水

期为400年，也就是说，一年里天空水可以循环42次，一年中天空水量就有1 176万亿吨，远远超过地表水的总量，所以，开发利用天空水资源是开发水资源的重要途径。

1. 我国淡水资源分布不均匀，我们国家采取了哪些措施来解决这个问题的？

2. 因为淡水危机，有哪些水资源我们可以进行开发和利用？

3. 淡水资源的紧缺会在哪些方面制约我国经济的发展？

万物之源 滴滴珍贵
——节约用水

从遥远的太空看地球，它是一个蓝色的星球，这是因为地球表面71%的表面积被水覆盖着。有人说，我们的地球应当叫水球，这是有道理的。地球拥有的水量非常巨大，总量为13.86亿立方千米。其中，96.5%在海洋里；1.76%在冰川、冻土、雪盖中，是固体状态；1.7%在地下；余下的分散在湖泊、江河、大气和生物体中。因此可见，从天空到地下，从陆地到海洋，到处都是水的世界。

◆节约用水

地球的水量丰富，但是能供人们使用的淡水只占总水量的2%左右，可以说是九牛一毛，少之又少，水危机已经成为世界性的危机。所以，节约用水，是我们每个地球人的责任。

水的浪费严重

地球上的水，尽管数量巨大，而能直接被人们生产和生活利用的却很少。水是人类赖以生存的珍贵资源。没有水就没有生命，没有人类的文明和发展。在南非召开的可持续发展世界首脑会议上，已将水危机列为未来10年人类面临的最严峻的挑战之一。根据会议的材料显示，目前全球24亿人缺乏充足的用水卫生设施，有11亿人未能喝上安全的饮用水。据联合国预

◆水的匮乏

计，到2025年，将有近一半人口生活在缺水地区，并且处于缺水或者水资源紧张的地区正在不断扩大。水已经向人类敲响了可怕的警钟。

友情提醒——生活中水资源的浪费

◆开渠引水灌溉

◆举手之劳

淡水资源虽然珍贵，但在生活中对水资源的浪费现象却随处可见。

农业用水上的浪费尤为严重。现在很多农田灌溉所用的水，都是通过开挖的渠道，把水从水源处引过来的。这样，在输水的过程中就会有一部分水向下渗漏掉，而到不了田间。这种沿途损失的水量一般要占到输水量的50%～60%，有的地方甚至达到70%。此外，不少地方的农民仍然固守着旧的观念，认为浇地就是“灌”地，要浇足够的水，于是沿袭几千年来的传统办法，采取大水漫灌，浇地时，把整个田间都放满水，从而也造成水资源的严重浪费。

在日常生活中，浪费水的现象也很严重。一滴水，也许是微不足道的，但如果积累起来，就力量无穷了。

随着经济的快速发展，现在工业用水量也很大，如果生产工艺落后，工业生产所需要水的数量就越大。所以，我们应尽可能地采用先进的技术设备，一水多用，并且注意污水的处理，尽可能地循环用水。

节约用水

长期以来，人们普遍认为水是“取之不尽，用之不竭”的，不知道爱惜，而且浪费挥霍。其实，我国水资源人均量很少，在地区分布上不均匀，再加上受污染，使水资源更加紧缺。节水要从爱惜水做起，牢固地树

立“节约水光荣，浪费水可耻”的信念，才能时时处处注意节水。

家庭应注意改掉浪费水的不良习惯，注意养成良好的用水习惯，采用节水器，此外，还应注意一水多用和水的循环利用。在农业上要根据作物的生理特点进行灌溉。随着科学技术的进步，生产工艺不断改进，产品的质量越来越好，所消耗的材料、能源、时间会减少，其中也应包括耗水量的减少。许多国家和城市把节约工业用水作为节水的重点，主要的办法是一水多用，重复利用工业内部已使用过的水。

◆流水作业

在水量不变的情况下，要保证工农业生产用水、居民生活用水和良好的水环境，要建立节水型社会，其中包括合理开发利用水资源，在工农业用水和城市生活用水中，大力提高水的利用率，要使水危机的意识深入人心，养成人人爱护水，时时、处处节水的好习惯。

◆农业上的喷灌

知识库——节约用水的“节日”

1. 世界水日

水危机已经是全球性的事实。早在 1977 年联合国就召开水会议，已向全世界发出严正警告：继石油危机之后的下一个危机便是水。水不久将成为一个深刻的社会危机。1993 年 1 月 18 日，联合国大会通过决议，将每年的 3 月 22 日定为

◆大家一起节水

◆中国节水标志

◆水道纪念馆

“世界水日”，将在这一天对公众广泛开展宣传教育，从而提高他们对开发和保护水资源的认识。每年的世界水日，都有一个特定的主题，至今已度过了第 18 个世界水日。

2. 中国水周

1988 年《中华人民共和国水法》颁布实施，并确定每年 7 月第一周为“水法宣传周”。以后结合世界水日，把每年的 3 月 22 日所在的一周，定为“中国水周”，至今，已举办过 12 届水周活动。从 1991 年起，我国还将每年 5 月的第二周作为城市节约用水宣传周。

3. 日本的节水日

“六一”是国际儿童节，但在日本它还是另一个特殊的节日，就是“节水日”。这说明节水事关子孙后代，要从娃娃抓起。

日本东京有一座很有特色的“水道纪念馆”，这里展示了东京周围环境，包括河道水源地、净水场的大模型，让人一目了然地知道水的来之不易。净水工艺的展示让人切实感到喝水可以完全放心。水道纪念馆陈列着最古老的净水池遗址，旧时代水道所用的泵式消防器、竹管、接头等器具实物，十分珍贵。馆内还重点介绍了东京更换 7 800 千米旧管道以减少漏损的辉煌业绩，以及独出心裁的地震应急供水设施。在这里，还能看到从大杂院公用水井发展到今天先进供水的步步历程。各界市民特别是学生分批来参观，接受供水历史和节水知识教育，效果很好。

1. 在日常生活中，我们能为节约用水做些什么？

2. 你觉得我们国家在居民用水管理上存在哪些问题？

3. 查阅资料，农业和工业上，对水资源的浪费严重，现在已经采取了哪些有效的改进措施？

其他水资源的开发
——海水的淡化

地球上水资源很丰富，但是能供人们利用的淡水资源却很有限。随着经济的发展，人们对淡水的需求量却在不断增加，淡水危机已经成为全球性的危机。

我们的地球上有一大部分的面积被海洋覆盖，如何有效地去利用海水资源，把海水淡化成可供人类直接利用的淡水，下面让我们来学习。

◆美丽的大海

海水的淡化

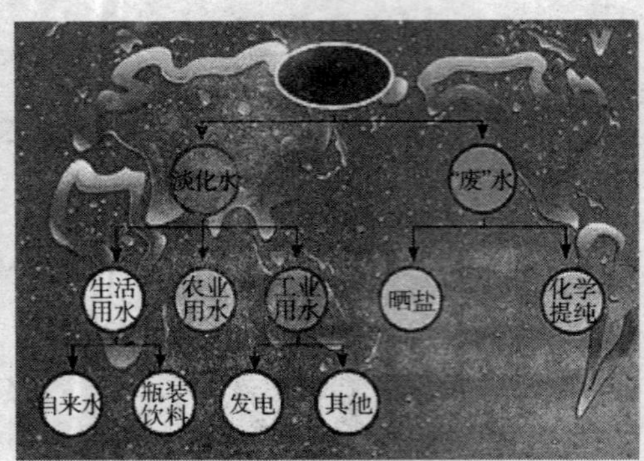

◆海水淡化模式

海水淡化即利用海水脱盐来生产淡水。地球表面 2/3 的面积被水覆盖，但水储量的 97％为海水和苦咸水。通过海水的淡化，我们可以利用丰富的海水资源。

海水淡化是人类追求了几百年的梦想。早在 400 多年前，英国王室就曾悬赏征求经济合算的海水淡化方法。从 20 世纪 50 年代以后，海水淡化技术随着水资源危机的加剧得到了加速发展，已经开发的二十多种淡化海水的技术，已在世界各地广泛应用。

广角镜——海水淡化的历史

◆夏威夷天然能源实验室

第一个海水淡化工厂于 1954 年建于美国，现在仍在得克萨斯的弗里波特运转着。

表面上看海水淡化很简单，只要将咸水中的盐与淡水分开即可。最简单的方法，一个是蒸馏法，另一个是冷冻法。但这两种方法都有难以克服的弊病。

1953 年，一种新的海水淡化方式问世了，这就是反渗透法。这种方法利用半透膜来达到将淡水与盐分离的目的。反渗透法最大的优点就是节能，生产同等质量的淡水，它的能源消耗仅为蒸馏法的 1/40。因此，从 1974 年以来，世界上的发达国家不约而同地将海水淡化的研究方向转向了反渗透法。

在新兴的反渗透法研究方兴未艾的时候，古老的蒸馏法又重新焕发了青春。而新的方法是将气压降下来，把经过适当加温的海水，送入人造的真空蒸馏室中，海水中的淡水会在瞬间急速蒸发，全部变成水蒸气。现在世界上的大型海水淡化工厂，大多采用新的蒸馏法。

海水淡化的方法

海水淡化方法有海水冻结法、电渗析法、蒸馏法、反渗透法等等。目前应用反渗透膜的反渗透法以其设备简单、易于维护和设备模块化的优点迅速占领市场，逐步取代蒸馏法成为应用最广泛的方法。

知识库——海水淡化方法简介

1. 冷冻法

冷冻海水使之结冰，在液态淡水变成固态冰的同时盐被分离出去。冷冻法要消耗许多能源，但得到的淡水味道却不佳，难以食用。现在的真空冷冻海水淡化法工艺，包括脱气、预冷、蒸发结晶、冰晶洗涤、蒸汽冷凝等步骤，海水淡化水产品可达到国家饮用水标准，是一种较理想的海水淡化法。

2. 反渗透法

通常又称超过滤法，是 1953 年才开始采用的一种膜分离淡化法。该法是利用只允许溶剂透过、不允许溶质透过的半透膜，将海水与淡水分隔开的。反渗透法的最大优点是节能。它的能耗仅为电渗析法的 1/2，蒸馏法的 1/40。因此，从 1974 年起，美日等发达国家先后把发展重心转向反渗透法。

◆蒸馏法示意图

3. 电渗析法

该法的技术关键是新型离子交换膜的研制。离子交换膜是 0.5～1.0 毫米厚度的功能性膜片，按其选择透过性区分为正离子交换膜（阳膜）与负离子交换膜

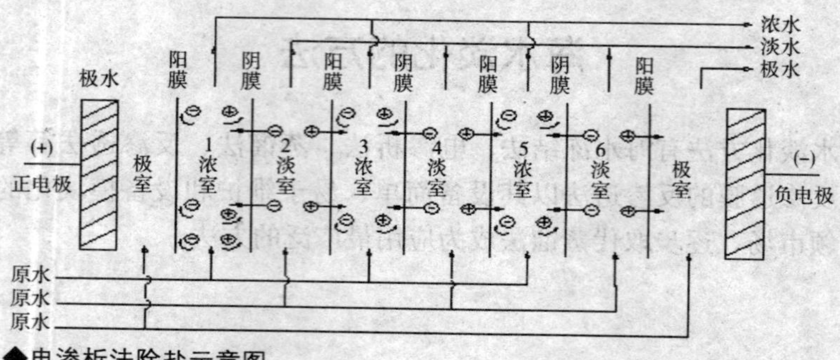

◆电渗析法除盐示意图

(阴膜)。电渗析法是将具有选择透过性的阳膜与阴膜交替排列，组成多个相互独立的隔室，一个隔室的海水被淡化，而其相邻隔室的海水被浓缩，淡水与浓缩水得以分离。电渗析法不仅可以淡化海水，也可以作为水质处理的手段，为污水再利用作出了贡献。此外，这种方法也越来越多地应用于化工、医药、食品等行业的浓缩、分离与提纯。

海水淡化的现状

目前，全球海水淡化日产量约 3 500 万立方米左右，其中 80%用于饮用水，解决了 1 亿多人的供水问题，即世界上 1/50 的人口靠海水淡化提供饮用水。全球有海水淡化厂 1.3 万多座，海水淡化作为淡水资源的补给与增量技术，愈来愈受到世界上许多沿海国家的重视；全球直接利用海水作为工业冷却水总量每年在约 6 000 亿立方米左右，替代了大量宝贵的淡水资源。

知识链接——我国海水淡化的现状

我国 1958 年首先开展了电渗析海水淡化的研究。1967～1969 年，国家科委和国家海洋局共同组织了全国海水淡化会战，同时开展电渗析、反渗透、蒸馏法等多种海水淡化技术的研究，为海水淡化事业的发展奠定了基础。

目前我国已建和在建的海水淡化装置有 10 多个，以反渗透法为主，另外，还开展了 NF—RO 集成海水淡化的研究。

水的“旅行”——水循环

◆清泉石上流

水循环是联系地球各圈层和各种水体的“纽带”。它在地球各圈层的能量交换中起着重要作用，并调节气候的变化；水循环是“雕塑家”，它通过侵蚀，搬运和堆积，塑造了丰富多彩的地表形象；水循环是“传输带”，它是地表物质迁移的强大动力和主要载体；更重要的是，通过水循环，海洋不断向陆地输送淡水，补充和更新陆地上的淡水资源，从而使水成为了可再生的资源。

从这里出发，我们和水一起去旅行吧！

水循环

◆地球表面的70%被水覆盖

水循环是指大自然的水通过蒸发、植物蒸腾、水汽输送、降水、地表径流、下渗、地下径流等环节，在水圈、大气圈、岩石圈、生物圈中进行连续运动的过程。

水的循环流动对生命的存在有重要意义，营养物质的循环要靠水作为媒介，因为水是物质很好的溶剂。在生态系统中，水还起着能量传递的作用。

形成水循环的内因是水在通常环境条件下，气态、液态、固态这三种形式容易相互转化。外因是太阳辐射和重力作用，为水循环提供了水的物理状态变化和运动的能量。地球上的水分布广泛，贮量巨大，是水循环的物质基础。由于地球上太阳辐射的强度不均匀，不同地区水循环的情况也就不尽相同。

水循环的意义

水循环作为地球上最基本的物质大循环和最活跃的自然现象，它深刻地影响着全球地理环境，影响着全球生态平衡，影响着水资源的开发利用。

水循环与全球气候

水循环一方面受到全球气候变化，尤其是大气环流活动的影响，另一方面它又深入大气系统内部，深刻地制约了全球气候。

小资料——水循环对气候的影响

首先，水循环是大气系统能量的主要传输、储存和转化者。虽然太阳辐射是地球表层的根本热源，但是大气接受太阳的直接辐射，仅占它吸收总能量的30%，来自蒸发潜热输送的能量要占到36%，居第一位。

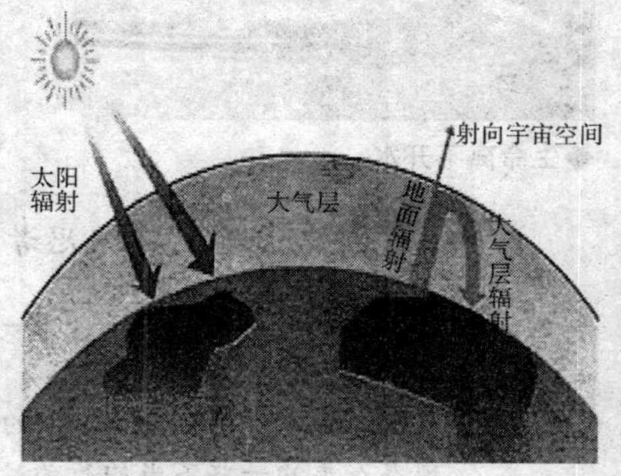

◆大气可以保温

其次，水循环通过对地表太阳辐射能的重新再分配，使不同纬度热量收支不平衡的矛盾得到缓解。

再者，水循环的强弱及其路径，还会直接影响到各地的天气过程，甚至可以决定地区的气候基本特征。此外，像雨、雪、霜、霰以及台风暴雨等天气现象，本身就是水循环的产物，没有水循环，就不会出现这类天气现象。

水循环与地球圈层构造

地球表层由大气圈、岩石圈、生物圈以及水圈组合而成。水圈居于主导地位，正是水圈中的水，通过周流不息的循环运动，积极参与了各圈层之间的界面活动，将它们耦合在一起。从这一意义上说，水循环深刻地影响了地球表层结构的形成以及今后的演变与发展。

水循环与地貌形态及地壳运

水循环过程中的流水以其持续不断的冲刷、侵蚀作用、搬运与堆积作用，以及水的溶蚀作用，在地质构造的基底上重新塑造了全球的地貌形态。

水循环与生态平衡

◆生命离不开水

水是生命之源，又是生物有机体的基本组成物质，没有水循环，就不会有生命活动，亦就不存在生物圈。

1. 水循环在人类的生产生活中的作用有哪些？

2. 现在人类的一些不当的行为，已经对水循环产生了不好的影响，查阅资料，说说这些行为有哪些？

保护水的安全
——水污染问题

有人说，地球的颜色是绿色的，她孕育着生命，预示着人类的诞生和未来；有人说，她是生命的摇篮，人类的母亲，她把全部的爱无私地奉献给了人类。她的确很大，幅员辽阔，但不是无边无际；她的确很美，山青水秀，但不是青春永远；她的确很富有，资源广博，但不是取之不尽，用之不竭。

◆保护水资源人人有责

如今，地球生态环境已被人类活动严重破坏，尤其是水的污染更为突出。水资源被污染，使河水不再清澈，鱼类失去了生存的家园。

有限的水资源被污染，使水的危机更加严重，水已经向人类敲响了警钟。

水污染的原因

有害的化学物质造成水的使用价值降低或丧失，污染环境。污水中的很多有机毒物，会毒死水生生物，影响人的健康。污水中的有机物被微生物分解时消耗水中的溶解氧，威胁着鱼类等水生生物的生命。此外，水中溶解氧耗尽后，有机物进行厌氧分解，产生硫化氢、硫醇等难闻气体，使水质进一步恶化。

◆工业废水

小知识——废水的分类

废水从不同角度可分为不同的种类。据来源不同可分为生活废水和工业废水两大类；据污染物的化学类别不同又可分无机废水与有机废水；也有按工业部门或产生废水的生产工艺分类的，如焦化废水、冶金废水、制药废水、食品废水等。

◆农药会污染环境

水污染主要由人类活动产生污染物而造成的，它主要包括工业污染源，农业污染源和生活污染源这三大部分。

其中，工业废水成为水域污染的“罪魁祸首”，具有量大、面广、成分复杂、毒性大、不易净化、难处理等特点。农业污染源包括牲畜粪便、农药、化肥等。生活污染源主要是城市生活中使用的各种洗涤剂和污水、垃圾、粪便等，多为无毒的无机盐类，生活污水中含氮、磷、硫居多，致病细菌多。

水污染的危害

水体污染影响工业生产、加快设备腐蚀、影响产品质量，甚至使生产不能进行下去。水的污染，既破坏了生态，又影响人民生活，直接损害人的身体健康。

友情提醒——水污染的危害

人饮用的水源被污染后，通过饮水或食物链，污染物进入人体，会使人急性或慢性中毒。被寄生虫、病毒或其他致病菌污染的水，会引起多种传染病和寄生

虫病。重金属污染的水，对人的健康均有危害，例如：人饮食被镉污染的水、食物后，会造成肾、骨骼病变，摄入硫酸镉20毫克，就会造成死亡。铅造成的中毒，会引起贫血，神经错乱。六价铬有很大毒性，会引起皮肤溃疡，还有致癌作用。饮用含砷的水，会发生急性或慢性中毒。砷使许多酶受到抑制或失去活性，造成机体代谢障碍，皮肤角质化，引发皮肤癌。有机磷农药会造成神经中毒，有机氯农药会在脂肪中蓄积，对人和动物的内分泌、免疫功能以及生殖机能均造成危害。

◆生活污水的排放

工农业生产的水源被污染后，工业用水必须投入更多的处理费用，造成资源、能源的浪费。这也是工业企业效益不高，质量不好的因素。农业使用污水，使作物减产，品质降低，甚至使人畜受害，大片农田遭受污染，降低土壤质量。

小资料——我国水污染的情况

七大水系普遍受到污染，辽河水系属严重污染，海河水系、淮河干流、黄河干流属重度污染，松花江水系属中度污染，长江干流和珠江水系水质基本良好。全国的湖泊和水库也普遍受到总磷、总氮的污染，富营养化严重，有机物污染面广，个别湖泊水库出现重金属污染。近岸海域海水受到不同程度的污染，四大海区以东海污染程度最重，渤海次之，南海最轻。地表水也普遍被污染，造成地下水的污染也相当严重，污染面已达50%。现在全国1/3的水体不适于鱼类生存，1/4的水体不适于灌溉，90%的城市水域污染严重，50%的城镇水源不符合饮用水标准，40%的水源已不能饮用，南方城市总缺水量的60%~70%是由于水源污染造成的。

◆黄河被污染

水污染的防治措施

◆水污染有法可依

对于工业生产产生的污水，我们要改进生产工艺，减少废水排放量，并且尽量采用重复用水及循环用水系统，控制废水中污染物浓度，回收有用产品，处理好城市垃圾与工业废渣。

要全面规划，合理布局，杜绝工业废水和城市污水任意排放。宜制定排放标准，将同行业废水集中处理，有计划地治理已被污染的水体。

设立环境保护管理机构，协调和监督各部门和工厂保护水源。颁布有关法规，制定保护水体、控制和管理水污染的具体条例。在日常生活中，我们每个人都应该树立“保护水资源，防止污染”的观念，注意自己的行为，尽量减少污染水资源的行为。

广角镜——重大水污染事件

1. 水俣病事件

日本熊本县水俣镇一家氮肥公司排放的废水中含有汞，这些废水排入海湾后经过某些生物的转化，形成甲基汞。这些汞在海水、底泥和鱼类中富集，又经过食物链使人中毒。当时，最先发病的是爱吃鱼的猫。中毒后的猫发疯痉挛，纷纷跳海自杀。没过几年，水俣地区连猫的踪影都不见了。1956 年，出现了与猫的症状相似的病人。因为开始病因不清，所以用当地地名命名。1991 年，日本环境厅公布的中毒病人有 2 248 人，其中 1 004 人死亡。

2. 骨痛病事件

镉是人体不需要的元素。日本富山县的一些铅锌矿在采矿和冶炼中排放废水，废水在河流中积累了重金属“镉”。人长期饮用这样的河水，食用含镉河水浇灌生长的稻谷，就会得“骨痛病”。病人骨骼严重畸形、剧痛，身长缩短，骨脆易折。

3. 剧毒物污染莱茵河事件

1986 年 11 月 1 日，瑞士巴塞尔市桑多兹化工厂仓库失火，近 30 吨剧毒的硫化物、磷化物与含有水银的化工产品随灭火剂和水流入莱茵河。顺流而下 150 千米内，60 多万条鱼被毒死，500 千米以内河岸两侧的井水不能饮用，靠近河边的自来水厂关闭，啤酒厂停产。有毒物沉积在河底，使莱茵河因此而“死亡”20 年。

4. “托里坎荣”号油船污染事件

1967 年 3 月 18 日，英国西南七岩礁海域“托里坎荣”号油船满载 11.7 万吨原油在锡利群岛以东的七岩礁海域触礁，致使 8 万吨原油流入海中，留在船体内的原油被引爆，造成英国、法国海域原油污染。大量鱼贝类和海鸟死亡，赔偿金额达 720 万美元。这一事件后，海洋污染成为海事中的重要问题。

1. 水资源的污染给我们的生活带来了什么影响？
2. 对于水的污染问题，在工农业及日常生活中应采取哪些解决措施？

水的故事

古代的“黄金水域”
——我国古代四大水利工程

◆水利学家——李冰父子雕像

勤劳勇敢的中国人，用自己的勤劳和智慧推动了社会的进步，谱写了中华民族灿烂的文明。中国古代的四大发明就是最好的写照，八达岭上的万里长城是最好的证明。

在水的历史上，我国古代的四大水利工程更是中国人勇气和智慧的结晶。都江堰、郑国渠、灵渠、它山堰……经过历史的沧桑巨变，依然发挥着作用，造福百姓。

都江堰

◆都江堰

都江堰，是我国古代四大水利工程之一，位于四川省都江堰市城西，该水利工程是由秦国蜀郡太守李冰及其子率众于公元前 256 年左右修建的，是全世界迄今为止，年代最久、唯一留存的，以无坝引水为特征的宏大水利工程，被誉为“世界水利文化的鼻祖”。

小知识——都江堰名字的由来

关于都江堰名字的由来，还有一段历史。秦蜀郡太守李冰建堰初期，都江堰的名称叫“湔堋”，这是因为都江堰旁的玉垒山，秦汉以前叫“湔山”的缘故，而那时都江堰周围主要居住的是氐羌人，他们把堰叫做“堋”，故都江堰就叫“湔堋”。三国蜀汉时期，都江堰地区设置都安县，因县得名，都江堰被称作“都安堰”，也有把它叫做“金堤”，这是突出鱼嘴分水堤的作用，用堤代堰作名称。

唐代，都江堰被改称为“楗尾堰”。因为当时用以筑堤的材料和办法，是用竹笼装石用来阻水，故称为“楗尾”。直到宋代，在宋史中记载：“永康军岁治都江堰，笼石蛇决江遏水，以灌数郡田”，才第一次提到都江堰，并一直沿用至今。

现在的成都平原号称“天府之国”，其实，在古代却是一个水旱灾害十分严重的地方。李白的《蜀道难》就是对当时成都平原的真实写照。那种状况是由岷江和成都平原“恶劣”的自然条件造成的。在古代时，每当岷江洪水泛滥，成都平原就是一片汪洋；一遇旱灾，又是赤地千里，颗粒无收。岷江水患长期祸及四川，鲸吞良田，侵扰民生，成为古蜀国生存发展的一大障碍。所以，恶劣的地理条件促使了都江堰的修建。

◆岷江

此外，都江堰的修建，还有其特定的历史根源。战国时期，战乱不断。当时，秦国国势日盛，他们认识到巴、蜀在统一中国中特殊的战略地位，在这一历史大背景下，战国末期秦昭王委任知天文、识地理，隐居岷峨的李冰为蜀国郡守。李冰上任后，首先下决心根治岷江水患，发展川西农业，造福成都平原，为秦国统一中国创造经济基础。

◆都江堰地图

都江堰的主要景观

都江堰坐落在成都平原西部的岷江上，不仅是举世闻名的中国古代水利工程，也是著名的风景名胜区。都江堰附近景色秀丽，文物古迹众多，主要有伏龙观、二王庙、安澜索桥、玉垒关、离堆公园、玉垒山公园、玉女峰、南桥、灵岩寺、翠月湖、都江堰水利工程等等。

观光旅游——都江堰的景区

1. 二王庙

二王庙位于岷江右岸的山坡上，前临都江堰，原为纪念蜀王的望帝祠，齐建武（公元 494～498 年）时改祀李冰父子，更名为“崇德祠”。宋代（公元 960～1279 年）以后，李冰父子相继被皇帝敕封为王，故而后人称之为“二王庙”。庙内主殿分别供奉有李冰父子的塑像，并珍藏有治水名言、诗人碑刻等。

◆二王庙

◆伏龙观

2. 伏龙观

伏龙观位于离堆公园内。其下临深潭，传说因李冰治水时曾在这里降伏孽龙，故于北宋初年改祭李冰，取名“伏龙观”。现存殿宇三重，前殿正中立有东汉时期（公元 25～220 年）所雕的李冰石像。殿内还有东汉堰工石像、唐代金仙

和玉真公主在青城山修道时的遗物——飞龙鼎。伏龙观又名老王庙、李公祠、李公庙等。

3. 安澜索桥

◆安澜索桥

安澜索桥又名“安澜桥”、“夫妻桥”。位于都江堰鱼嘴之上，横跨内外两江，被誉为“中国古代五大桥梁”，是都江堰最具特征的景观。始建于宋代以前，明末（公元17世纪）毁于战火。古名“珠浦桥”，宋淳化元年改名“评事桥”，清嘉庆建新桥更名为“安澜桥”。原索桥以木排石墩承托，用粗竹缆横挂江面，上铺木板为桥面，两旁以竹索为栏，全长约500米，现在的桥为钢索混凝土桩。

郑国渠

◆郑国渠

公元前246年秦王采纳韩国人郑国的建议，并由郑国主持兴修的大型灌溉渠，它西引泾水东注洛水，长达150余千米。泾河从陕西北部群山中流出，流至礼泉就进入关中平原。平原地形特点是西北略高，东南略低。郑国渠充分利用这一有利地形，在礼泉县东北的谷口开始修干渠，使干渠沿北面山脚向东伸展，很自然地把干渠分布在灌溉区最高地带，不仅最大限度地控制灌溉面积，而且形成了全部自流灌溉系统，可灌田4万余顷。

郑国渠的兴建，除上面所说的自然因素外，另一个因素是政治军事的需要。战国时，我国历史朝着建立统一国家的方向发展。关中是秦国的基地，它为了增强自己的经济力量，以便在兼并战争中立于不败之地，很需要发展关中的农田水利，以提高秦国的粮食产量。

轶闻趣事——修建郑国渠的缘由

韩国是秦国的东邻。战国末期，在秦、齐、楚、燕、赵、魏、韩七国中，当秦国国力蒸蒸日上，而韩国却孱弱到不堪一击的地步，随时都有可能被秦并吞。公元前246年，韩桓王在走投无路的情况下，采取了一个非常拙劣的所谓“疲秦”的策略。他以著名的水利工程人员郑国为间谍，派其入秦，游说秦国在泾水和洛水间，穿凿一条大型灌溉渠道。表面上说是可以发展秦国农业，真实目的是要耗竭秦国实力。

这一年是秦王嬴政元年，秦王本来就想发展秦国的水利，很快地采纳这一建议。并立即征集大量的人力和物力，任命郑国主持，兴建这一工程。在施工过程中，韩国“疲秦”的阴谋败露，秦王大怒，要杀郑国。郑国说：“始臣为间，然渠成亦秦之利也。臣为韩延数岁之命，而为秦建万世之功。”嬴政是位很有远见卓识的政治家，认为郑国说得很有道理，同时，秦国的水工技术还比较落后，在技术上也需要郑国，所以一如既往，仍然加以重用。经过十多年的努力，全渠完工，人称郑国渠。

灵渠

灵渠又称湘桂运河，也称兴安运河，秦凿渠，在广西壮族自治区兴安县境内，建成于秦始皇三十三年。它与都江堰、郑国渠并称为秦代三大水利工程。它不仅是我国、而且也是世界最古老的运河之一。关于灵渠的开凿，需要从古代一次有名的战争说起。

小知识——关“灵渠”的修建

公元前221年，秦始皇统一六国以后，为了完成统一中国大业，接着向岭南

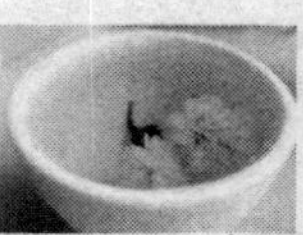

地区发动了战争。他用了50万攻无不克的精锐部队，兵分五路，向百越之地推进。其中向现在江西余干县前进的一路军队，势如破竹，一举攻占了东瓯、闽越（今福建）地区，并设置了闽中郡。而向广西进攻的一路秦军，则遇到了部族首领的顽强抵抗，迫使秦军“三年不解甲弛弩”，战争打得很不顺利。究其原因，这与秦军不适应山地作战，不服南方水土，有一定关系。但更重要的一点是和岭南地区山路崎岖，运输线太长，粮食接济不上有关。因此，解决军粮的运输问题，成了当时决定这场战争胜败的关键。战争的暂时挫折，并没有动摇秦始皇统一岭南的坚强意志。他通过将领们对兴安地形的了解，果断地作出了“使监禄凿渠运粮”的决定，修建了灵渠。

◆灵渠

它山堰

它山堰是中国古代甬江支流鄞江上修建的御咸蓄淡引水灌溉枢纽工程。位于浙江省宁波市鄞州鄞江镇它山旁，樟溪出口处。唐代大和七年（公元833年）由县令王元玮创建。与郑国渠、灵渠、都江堰同为中国古代四大水利工程，可与四川都江堰相媲美。

◆它山堰

筑堰以前，海潮可沿甬江上溯到章溪，由于海水倒灌使耕田卤化，城市用水困难。在鄞江上游出山处的四明山与它山之间，用条石砌筑一座上下各36级的拦河溢流坝。坝顶长140米，用80块条石板砌筑而成，坝体中空，用大木梁为支架。这座坝平时可以下挡咸潮，上蓄溪水，供鄞西平原七乡数千顷农田灌溉，并通过南塘河供宁波城使用。堰面全部用条石砌筑而成，堰身为木石结构。它山堰历经千余年风雨，饱经沧桑，堰体至今基本完好，仍发挥着阻咸蓄淡排涝引灌的功能。

它山堰工程十分浩大，工程设计科学，建造精密。从建成到现在的一千多年时间里，她发挥了巨大的作用，不仅灌溉了鄞西 20 多万亩（1 亩＝2 000/3 平方米）农田，还把水引入宁波城，供居民生活使用，在中国的水利史上占有极为重要的地位。

1. 中国古代四大水利工程在今天的生活中发挥着什么样的作用？

2. 我国古代四大水利工程的修建，除了农业生产或贸易发展需要之外，有的还有一定的政治目的，解读修建它们的历史背景。

治水方略承古今
——古代水利学家和技术

◆李冰父子雕像

水利历史上的“巨人”，随着岁月的流逝，他们消失在了时间的长河里。但他们用智慧建造的不朽之作，经受住了天崩地裂的震撼，经受住了水枯石烂的考验，经受住了惊涛骇浪的洗礼，经受住了天长地久的巨变，仍然屹立在神州大地上，造福百姓。他们用智慧创造了奇迹，用智慧创造了不朽。

让我们一起去学习古人的智慧，去感受都江堰的古老。

古代著名水利学家

1. 李冰

◆水利学家——李冰像

战国时期水利专家，今山西运城人，对天文地理也有研究。秦昭襄王末年为蜀郡守，在今四川省都江堰市岷江出山口处主持兴建了中国早期的灌溉工程都江堰，因而使成都平原富庶起来。

古代蜀地（今四川）非涝即旱，有“泽国”、“赤盆”之称。四川人民世世代代同洪水作斗争。秦惠文王九年（公元前 316 年），秦国吞并蜀国。秦为了将蜀地建成其重要基地，决定彻底治理岷江水患，同时派精通治水的李冰取代政治家张若任蜀守。

知识库——著名水利学家李冰

李冰学识渊博，“知天文地理”。他决定修建都江堰以根除岷江水患。李冰经过实地调查，把都江堰的引水口上移至成都平原冲积扇的顶部灌县玉垒山处，这样可以保证较大的引水量和形成通畅的渠道网。李冰创筑的都江堰，大致由鱼嘴、飞沙堰和宝瓶口及渠道网所组成。

◆都江堰水利工程

李冰在修建都江堰工程中，创造了竹笼装石作堤堰的施工方法，他还创用石人测量岷江水位。《华阳国志·蜀志》载：李冰“作三石人，立三水中，与江神要。水竭不至足，盛不没肩。”这是见于记载最早的水测，说明李冰已基本掌握了岷江水位涨落的大致幅度。

除都江堰外，李冰还主持修建了岷江流域的其他水利工程，他是一位颇有建树的水利工程专家。他主持修建的都江堰水利工程，对蜀地社会产生了深远的影响。都江堰等水利工程建成后，蜀地发生了天翻地覆的变化，千百年来危害人民的岷江水患被彻底根除。

2. 郭守敬

郭守敬（1231～1316 年），中国元朝的大天文学家、数学家、水利专家和仪器制造家，字若思，顺德邢台（今河北邢台）人。

郭守敬幼承祖父郭荣家学，攻研天文、算学、水利。元十三年（公元 1276 年）元世祖忽必烈攻下南宋首都临安，在统一前夕，命令制订新历法，由张文谦等主持成立新的治历机构太史局。太

◆郭守敬雕像

◆郭守敬用于天文观测的简仪

史局由王恂负责，郭守敬辅助。在学术上则由王主推算，郭主制仪和观测。

郭守敬在水利上也颇有建树。晚年，郭守敬致力于河工水利，兼任都水监。元二十八至三十年，他提出并完成了自大都到通州的运河（即白浮渠和通惠河）工程。至元三十一年，郭守敬升任昭文馆大学士兼知太史院事。他主持河工工程期间，制成了一些精良的计时器。

3. 李仪祉

李仪祉（1882～1938 年）是近代著名水利科学家、教育家。他早年留学德国攻读水利，1915 年学成回国后，在中国第一所水利学校——南京河海工程专门学校任教授、校长，以后又任陕西水利局局长、黄河水利委员会委员长兼总工程师等职。

小知识——近代著名水利科学家李仪祉

李仪祉终生以治水为志，卓有贡献，尤对黄河治理精心钻研，独有建树。李仪祉治理黄河的观点，概括起来有以下几点：泥沙未减，本病未除，击中黄河为患之要害，指出土壤侵蚀，土随水去，形成泥沙是黄河的症结所在；中上游不治，下游难安。因为黄河流域面积 75 万平方千米，从内蒙古托克托以上为上游，托克托至河南桃花峪为中游，桃花峪以下为下游。中游三门峡以上所输沙量为 16 亿吨（其中 12 亿吨入海，4 亿吨沉积下游河床），是造成黄河为患的根本原因。

◆李仪祉

古代著名水利技术

1. 圩垸

◆圩垸的围墙

沿江、滨湖低地四周有圩堤围护，内有灌排系统的农业区。圩垸工程可溯源于先秦，唐中叶以来发展很快，太湖及水阳江流域的圩田，五代北宋时期已大量发展。北宋以后，沿长江向其中游湖泊地区推广。这一带因而成为全国农业中心。其他地区的圩垸，自南宋以后也迅速发展。

广角镜——关于“圩垸”的名字

在长江下游叫做“圩”，中游叫做“垸”，统称“圩垸”。若干个圩垸连成一片，叫做圩区或圩垸地区。圩堤将农田与外水隔开，通过灌排渠系及操纵堤上的水闸以调节内水和外水的进出。自流灌排有困难，则辅以提水机械，以满足圩内农田需水。这种农田水利形式在江浙太湖流域和安徽、浙江的长江流域一带称圩田或围田，明清以来则统称圩田。在湖南、湖北称作垸田。珠江和韩江三角洲称堤围（或基围）。

2. 海塘

◆海塘夕照

海塘是人工修建的挡潮堤坝，也是中国东南沿海地带的重要屏障。海塘的历史至今已有两千多年，主要分布在江苏、浙江两省。从长江口以南，至甬江口以北，约六百千米的一段是历史上的修治重点，其中尤以钱塘江口北岸一带的海塘工程最为险要。高大的石砌海塘蜿蜒于几百千米长的海岸上，蔚为壮观！

知识库——海塘的发展

有关海塘最早的文字记载见于汉代的《水经》。海塘最早起源于钱塘江口，这是自然条件决定的。随着东南沿海地区经济的发展，海塘逐渐增加，海塘结构形式也逐步扩展。明代出现五纵五横鱼鳞大石塘，这是用条石纵横迭砌的重型石塘。

海塘在古代的军事上有重要作用，我国最早把海塘用于军事目的是在晋代。海塘在冷兵器时代，被用作对付使用弓箭的进攻者，其防守效果十分明显。故历代许多统治者在修筑海塘时都非常重视其国防功能的发挥，把海塘修得又高又牢。

除了海塘和圩垸之外，还有坝工、埽工等等。古代挡水坝有许多叫法，如坝、堰、埝、埭、碶、堤、塘、陂等，广泛分布于全国主要水系的干支流上。中国坝工起源很早，如安徽省的芍陂水库，大约建于公元前598年至公元前591年，是现存最早的蓄水工程。埽工技术是中国在水工技术上的一个创造。埽工起源于先秦时期，其技术的成熟以宋代的卷埽和清代中叶的厢埽为代表。埽工种类丰富，使用灵活。它就地取材，可在短时间内制成庞然大物，而且秸草等“软料”有柔性，容易缓溜停淤，所以常常用于黄河等多泥沙河流的护岸、堵口等，在临时抢险及堵口截流中特别有效。

◆拦河坝

1. 郭守敬不仅是我国的著名的水利学家，而且在数学和天文上也颇有造诣，你能说说他在其他方面的成就吗？

2. 古代的水利技术，是我国劳动人民智慧的结晶，它给今天水利工程的修建有什么启示呢？

人类的丰碑——三峡水利工程

长江三峡，是万里长江一段山水壮丽的大峡谷，为中国十大风景名胜之一。它是长江风光的精华，神州山水中的瑰宝，古往今来，闪耀着迷人的光彩。长江三峡，无限风光。瞿塘峡的雄伟，巫峡的秀丽，西陵峡的险峻，还有三段峡谷中的大宁河、香溪、神农溪的神奇与古朴，使这驰名世界的山水画廊气象万千。长江三峡，地灵人杰。这里是中国古文化的发源地之一。三峡工程的兴建，更是人类战胜自然的杰作。

◆壮美的三峡工程

三峡水利工程简介

三峡工程全称为长江三峡水利枢纽工程。1992 年 4 月 3 日，七届人大五次会议审议并通过了《关于兴建长江三峡工程决议》。1994 年 12 月 14 日，三峡工程在前期准备的基础上正式开工。

◆三峡大坝

长江三峡水利枢纽工程是中国长江中上游段建设的大型水利工程项目。分布在中国重庆市到湖北省宜昌市的长江干流上，大坝位于三峡西陵峡内的宜昌市夷陵区三斗坪，并和其下游不远的葛洲坝水电站形成梯级调度电站。它是世界上规模最大的水电站，也是中国有史以来建设的最大型的工程项目。整个工程包括一座混凝重力式大坝、泄水闸，一座堤后式水电站，一座永久性通航船闸和一架升船机。三峡工程建筑由大坝、水电站厂房和通航建筑物三大部分组成。大坝坝顶总长3 035米，坝高185米，水电站左岸设14台、右岸12台，共表机26台，前排容量为70万千瓦的小轮发电机组，总装机容量为1 820万千瓦时，年发电量847亿千瓦时。通航建筑物位于左岸，永久通航建筑物为双线五包连续级船闸及早线一级垂直升船机。

讲解——三峡工程进程简介

三峡工程分三期，总工期17年。一期5年（1992～1997年），除准备工程外，主要进行一期围堰填筑，导流明渠开挖。一期工程在1997年11月大江截流后完成，长江水位从原来的68米提高到88米。

二期工程6年（1998～2003年），工程主要任务是修筑二期围堰，左岸大坝的电站设施建设及机组安装，同时继续进行并完成永久特级船闸，升船机的施工。

三期工程6年（2004～2009年），本期工程进行右岸大坝和电站的施工，并继续完成全部机组安装。

小知识——兴建三峡工程的影响

◆夔门秋色

2009年整个工程完成，区内人文和自然景观有39处被全部或部分淹没，约占库区旅游景点的百分之十三，应该说有影响，但影响不大。巫峡与瞿塘峡二区由于相对海拔较高，水位只提升80多米，除部分古栈道和溶洞将没于水中外，其他均无太大变化。只有西陵峡区两段的兵书宝剑峡和牛肝马肺峡被淹没。而东段处于两坝之间的黄牛峡和灯影峡则依然存在。

因此，举世闻名的三峡区段中“神女”依秀，“夔门”仍雄，虽然少量峡景山色将消失，但由于回水上升，同时也会营造近百处新的景观。白帝城和石宝寨分别成为白帝岛、石宝岛。许多长江支流形成了各种旅游资源等待我们去开发和利用。

◆神女峰

广角镜——三峡大事记

1992 年 4 月 3 日，第七届全国人民代表大会第五次会议以 67%的赞成票通过了《关于兴建长江三峡工程的决议》，标志着建设三峡工程已获得法律上的许可。

1993 年 1 月 3 日，国务院三峡工程建设委员会成立，它是三峡工程的最高决策机构。

1994 年 12 月 14 日，三峡工程正式开工。

1996 年 8 月 10 日，西陵长江公路大桥建成通车，该桥位于三峡大坝下游 4.5 千米处。

1997 年 10 月 6 日，导流明渠正式通航，大江截流前的工程准备已完成。

1997 年 11 月 8 日，大江截流，标志着一期工程完成，二期工程开始。

1998 年 5 月 1 日，三峡临时船闸开始通航。

2002 年 11 月 4 日，中国长江电力股份有限公司正式成立。

2002 年 11 月 6 日，导流明渠截流，至此三峡工程全线截流。

2006 年 5 月 20 日，三峡大坝主体工程全面竣工。

2006 年 6 月 6 日，三峡大坝右岸上游围堰爆破工程在下午引爆，其爆破规模被称为“天下第一爆”。

2008 年 10 月 29 日，右岸 15 号机组投产发电，是三峡水电站右岸电厂最后一台发电的机组。至此，三峡水电站 26 台机组全部投产发电。

三峡的功能与作用

一、防洪

洪涝灾害历来是中华民族的心腹大患。在长江防洪体系中，三峡工程

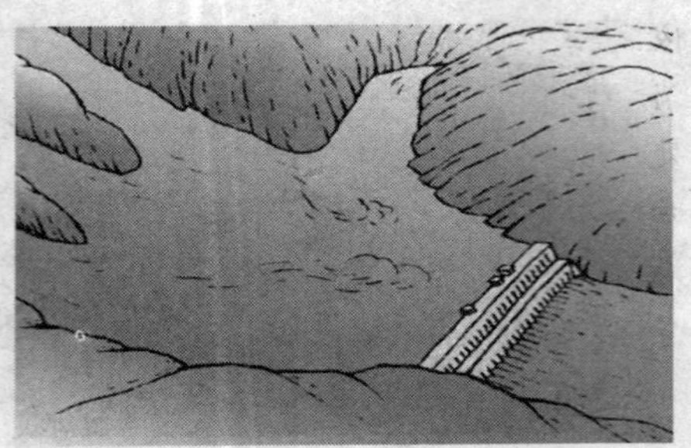
◆三峡水利工程的防洪作用

◆三峡发电核心机构

◆三峡的航运

的战略地位和作用极为重要。三峡水库正常蓄水位 175 米，有防洪库容 221.5 亿立方米。对荆江的防洪提供了有效的保障，对长江中下游地区也具有巨大的防洪作用。

二、发电

三峡水电站装机总容量为 1 820 万千瓦时，年均发电量 847 亿千瓦时，将产生巨大的电力效益。三峡水电站发出的电力，主要为华中电网（湖北、河南、湖南）、华东电网（上海、江苏、浙江、安徽）、广东和重庆供电。三峡水电站将引出 15 条 50 万伏超高压线路，分别向北、东、南三个方向接入华中、华东电网，至广东建直流输电工程。

三、航运

长江干流流经六省二市，历来就是沟通我国西南腹地和东南沿海的交通运输大动脉，在国民经济中占有十分重要的地位。三峡工程位于长江上游与中游的交界处，地理位置得天独厚，对上可以渠化三斗坪至重庆河段，对下可以增加葛洲坝水利枢纽以下长江中游航道枯水季节流量，能够较为充分地改善重庆至武汉间通航条件，满足长江上中游航运事业远景发展的需要。

1. 三峡工程的兴建对我国社会主义建设有什么重要的意义?
2. 三峡工程的修建有利也有弊，查阅资料，说说它的利弊分别是什么?

水的“南来北往”——南水北调工程

◆南水北调工程纪念

我国水资源并不丰富，并且在空间分布上呈现出：南多北少，东多西少的特点。水资源分布的不均衡，严重制约了我国经济的全面发展，特别是西北缺水地区。南水北调工程的兴建，是人类的又一壮举，它形成了我国水资源南北调配、东西互济的合理配置格局，对我国经济的发展和人们的生活的贡献不可估量。

南水北调工程和三峡工程都是人类向自然发出的挑战，人类用自己的智慧去改造自然，使自然资源的分配更加合理，以提高资源的利用效率。

工程简介

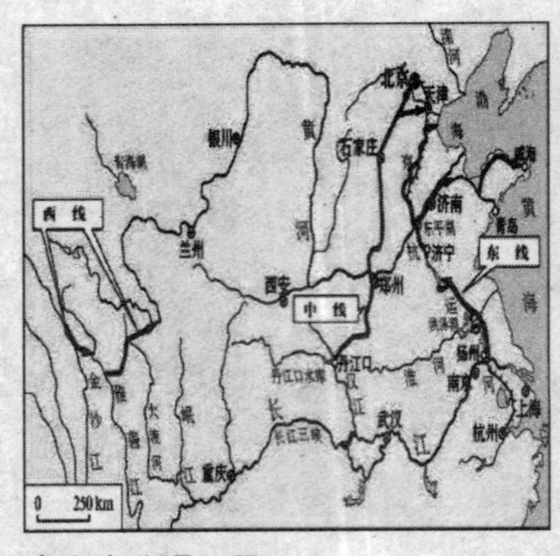

◆南水北调工程

南水北调工程，是为了缓解我国北方水资源严重短缺局面的一项重大战略性工程。从 20 世纪 50 年代提出“南水北调”的设想后，经过几十年研究，南水北调的总体布局确定为：分别从长江上、中、下游调水，以适应西北、华北各地的发展需要，即南水北调西线工程、南水北调中线工程和南水北调东线工程。建成后与长江、淮河、黄河、海河相互联接，将构成我国水资源“四横三纵、南北调配、东西

互济”的总体格局。我国水资源分布的一个特点是：南多北少，东多西少。南水北调工程通过跨流域的水资源合理配置，大大缓解了我国北方水资源严重短缺问题，促进南北方经济、社会与人口、资源、环境的协调发展。

知识库——南水北调工程简介

整个工程分东线、中线、西线三条调水线。

1. 东线工程

◆东线穿黄河隧洞工程

南水北调东线工程的起点在长江下游的江都，终点在天津。东线工程从长江下游扬州抽引长江水，利用京杭大运河及与其平行的河道逐级提水北送，并连接起调蓄作用的洪泽湖、骆马湖、南四湖、东平湖。出东平湖后分两路输水：一路向北，在位山附近经隧洞穿过黄河；另一路向东，通过胶东地区输水干线经济南输水到烟台、威海。东线工程利用的是元朝的运河。目的是缓解苏、皖、鲁、冀、津等五个省、市水资源短缺的状况。

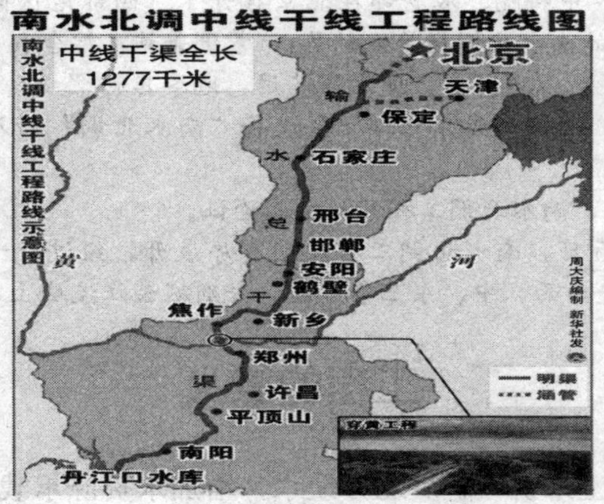

2. 中线工程

从加坝扩容后的丹江口水库陶岔渠首闸引水，沿唐白河流域西侧过长江流域与淮河流域的分水岭方城垭口后，经黄淮海平原西部边缘，在郑州以西孤柏嘴处穿过黄河，继续沿京广铁路西侧北上，可基本自流到北京、天津。

3. 西线工程

在长江上游通天河、支流雅砻江和大渡河上游筑坝建库，开凿穿过长江与黄河的分水岭巴颜喀拉山的输水隧洞，调长江水入黄河上游。西线工程的供水目标主要是解决涉及青、甘、宁、内蒙古、陕、晋等6省（自治区）黄河上中游地区和渭河关中平原的缺水问题。结合兴建黄河干流上的骨干水利枢纽工程，还可以向邻近黄河流域的甘肃河西走廊地区供水，必要时也可向黄河下游补水。

广角镜——南水北调工程大事记

1952年10月，毛泽东同志在听取原黄河水利委员会主任王化云同志关于引江济黄的设想汇报时说："南方水多，北方水少，如有可能，借点水来也是可以的。"从此，拉开了南水北调工程的大幕。

1958年3月，毛泽东同志在党中央召开的成都会议上，再次提出引江、引汉济黄和引黄济卫问题。同年8月，中共中央在北戴河召开的政治局扩大会议上，通过并发出了《关于水利工作的指示》，这是"南水北调"一词第一次见之于中央正式文献。

1959年2月，中科院、水电部在北京召开了"西部地区南水北调考察研究工作会议"，确定的南水北调指导方针是："蓄调兼施，综合利用，统筹兼顾，南北两利，以有济无，以多补少，使水尽其用，地尽其利。"

1991年4月，七届全国人大四次会议将"南水北调"列入"八五"计划和十年规划。

1995年12月，南水北调工程开始全面论证。

2000年6月5日，南水北调工程规划有序展开，经过数十年研究，南水北调工程总体格局定为西、中、东三条线路，分别从长江流域上、中、下游调水。

工程的意义

从社会意义上来讲，解决北方缺水，增加水资源承载能力，提高水资

源的配置效率，使我国北方地区逐步成为水资源配置合理、水环境良好的地区有利于缓解水资源短缺对北方地区城市化发展的制约，促进当地城市化进程；同时，为京杭运河济宁至徐州段的全年通航保证了水源，使鲁西和苏北两个商品粮基地得到巩固和发展。

从经济意义上来说，也为北方经济发展提供保障。南水北调工程解决了北方一些地区的地下水因自然原因造成的水质问题，如高氟水、苦咸水和其他含有对人体不利的有害物质的水源问题；通过改善水资源条件来促进潜在生产力，形成经济增长；也为全国经济的快速增长，实现全国范围内的结构升级和经济社会环境的可持续发展作出了项献。

从生态意义上讲，改善黄淮海地区的生态环境状况，改善当地饮水质量，有利于回补地下水，保护湿地和生物多样性。

1. 南水北调工程在解决我国水资源分布不均上有什么重要意义？
2. 南水北调水利工程的兴建对我们的生态环境有什么影响？

奇思妙想——未来水世界

人类总有一种与生俱来的危机感，当面临灾难或者某种危机时，他们好像总能预知，并运用自己的智慧，想出办法化险为夷。近年来，地球遭到了人类活动的破坏，导致了环境恶化，气温升高，海平面不断上升等等环境问题。

◆冰川融化导致海平面上升

人类自身也感觉到了种种危机的存在，于是人类就开始运用智慧，进行大胆的想象。

电影《未来水世界》

◆电影《未来水世界》

还记得那个《未来水世界》的电影吗？在那个科幻影片中，地球由于遭到人类的破坏，温室效应，气温升高，冰雪融化……使得地球已经成为一片汪洋。人类已经失去了土地——我们赖以生存的根基。人们没有可以引用的淡水，地球上没有了植物，没有了鲜花，更没有小鸟在歌唱。电影中还出现过这样的镜头，人们用相当高的价钱才能买到一点泥土。在那里，泥土比我们现在的金子还贵。这对我们来讲似乎很不可思议。但这种科幻影片并不是无稽之谈，它还是有一定的科学根据的。无论你怎么看它，它至少给我们敲响了警钟，人对生活的地球不可以太随心所欲。

小资料——人类的危机

◆冰川融化北极熊失去家

大气中二氧化碳含量的上升，确实引起了气温的上升。有记录说南极在近20年中（1958～1978年），气温已经上升了0.6℃。而近50年气温则上升了2.5℃。在温度升高的情况下，冰雪将会融化。

南极洲有98%以上的陆地覆盖着冰雪。南极拥有1 200万平方千米的冰盖，其直径达到4 500千米。其平均厚度为两千米，总冰量约为2 450万立方千米，占地球总冰量的90%。若南极冰盖完全消融，则仅此一项即可使全球海平面上升60米！这意味着什么呢？北京及天津市、上海市均被淹没在水下。全世界90%以上的大城市均将成为水下城市。全球陆地面积大为减少，耕地面积几乎为零。那么多人到哪里去住，并吃什么呢？难怪《未来水世界》中的那个男主角要长鳃呢！

出现“未来水世界”的可能性不是绝对没有。但是，我们相信，人类是会学会如何去爱护和保护我们的这个星球的。当人们认识到过分掠夺资源，贪婪地只顾目前的享受会带来什么灾难，人们就会约束自己不适当的行为。也许，这正是影片《未来水世界》编导们的苦心吧！

关于“未来水世界”的想象

根据中科院能源研究所的统计，全球海洋将会在21世纪上升20～90厘米，相比起20世纪的10厘米，这是一个非常令人担忧的数据。英国《自然·地球科学》杂志曾经报告说，本世纪内海平面上升的幅度，可能比联合国气候专家先前预测的要大一倍，达到163厘米，到那个时候有多

◆设计师文森特·卡勒博的未来水世界

少城市会消失，而我们又该住在哪？

关于这个答案，设计师文森特·卡勒博设计了2100年未来水世界“丽丽派德”（Lilypad），在这座人工水上岛屿上有山、有水、有树、有花，每一个岛上大概能容纳5万人居住，它就像一个漂浮于海面的船，根据不同的风向和气候在地球上到处漂流。这个岛上所用的能源全部是绿色能源（太阳能，风能，潮汐能，生物质能），真是漂亮。不要惊喜，这只是一个概念性的设计，实施起来应该很不容易，所以还是要求我们要保护环境，保护地球。

链接——未来水世界

水资源的紧缺也逐渐被提上了各国的议事日程，水危机成为世界各个国家共同关心的问题。在2008年7月14日的西班牙萨拉戈萨世界科学展上，一个“未来水世界”即将出炉。

1. 幻想水世界

坐落于埃布罗河河畔的广场中将建起一个充满幻想的圆形剧场。整座建筑由一种新型的、半透明的蓝色材料构成，太阳光在通过剧场的顶部时将会被过滤。而出色的设计充分利用了人类的视觉误差，使得在剧场之内的人们以为自己处于一个深蓝的“幻想水世界”当中。

◆幻想水世界

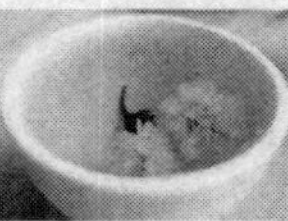

2. 河景水族馆

◆河景水族馆

这个真实重现世界著名河流中生态环境的大型水族馆由许多独立的房间组成，它的每个房间都代表了一条位于世界不同地区的著名河流，如亚马孙河、湄公河、尼罗河、埃布罗河等。水族馆内特制的圆形通道可以让参观者穿过一个个类似大型容器的房间，而建筑表面涂抹了一层由陶瓷、玻璃以及细小电子元件构成的混合层，并且有一道巨大的人造瀑布将这种特制的涂料冲到各个地方，以此来维持馆内不同模拟环境所需要的各个温度。

3. 帐篷桥

这栋极富创意的建筑既是一件艺术品，更是整个萨拉戈萨展览会的主入口。这座横跨埃布罗河的奇特大桥由著名设计师扎哈·哈迪德设计，大桥与河流本身紧紧地融合在一起，看起来就像是天然形成的独木桥。另外，桥面还有一个类似帐篷的顶棚，顶棚与桥身以一种匪夷所思的角度重合在一起，中间就是宽敞的道路。远远看去，“帐篷桥”宛如一株不断盛开、闭合的剑兰，以借此向世人传递这样一个信息：“水，是一种独特的资源。”相信每位参观展览的游客必定会为这个独特的入口所倾倒。

◆帐篷桥

◆帐篷桥内部构造

4. 水做的楼阁

作为 2008 年萨拉戈萨展览会的重点建筑，“水塔”集合了几乎所有与水有关的高新科技。在美国麻省理工大学研究人员的带领下，一个国际性的研究小组目前正准备建造这座由水做的大楼。在这座大楼中，所有的墙壁都将会是用水幕做成的，这些水幕上不但可以显示图像或者信息，还可以感应到某个不断靠近的物体，并自动拉开水幕以便让其通过。

根据设计，大楼的中部还有一个亭子，亭子的顶部盖有一层薄薄的水，这些水在巨型活塞的推动下可以上下浮沉。在大楼关闭后，屋顶还会从 16 英尺（约 4.87 米）的高处忽然之间降至地面，这栋 5400 平方英尺（约 500 平方米）的建筑在顷刻间消失不见。

◆水做的楼阁

这座水亭的正面看起来像一个非常巨大的显示屏，可以显示文本、信件以及互动图案。麻省理工大学设计实验室的主任威廉姆·米歇尔称：“你可以向水墙上扔一个球，当球划过水面时，会激起一个大圆圈数字水。”这个概念是由麻省理工大学提出来的，并在意大利都灵由一家建筑公司、一家英国工程公司和法国园境师的共同努力下成功设计出的。

5. 干渴世界

在“幻想水世界”附近不远，有着另外一个直径约 37 米的圆形建筑，主题为“干渴世界”。它由几面超大的镜子组成，矗立的镜子以不同的角度相互反射，就像是沙漠中的海市蜃楼，将投射于其上的影像以一种虚幻的形式表现在参观者

◆干渴世界

◆干渴世界内部构造

水的故事

面前。

虽然是依靠镜面的反射，但“干渴世界”的影像却依旧充满震撼力，濒死的动物、枯死的大树、沙漠风暴来临时的恐怖景象，无一不发人深思。据悉，“干渴世界”成本极低，但效率却十分惊人：它能在每5分钟便接纳一个75人的参观团体。

广角镜——外星球水的寻找

1. 欧洲天文学家2007年7月宣布，他们发现太阳系外一颗行星的大气层中含有水。虽然这颗行星不太可能有生命存在，同时以人类现在的科技水平根本无法到达这个“世外水世界”。但科学家说，这一发现仍称得上“探寻太阳系外生命之路上的里程碑”。

欧洲航天局和英国伦敦大学学院的联合科研小组在英国科学杂志《自然》上撰文，阐述了这一重要天文发现。科学家把这颗行星命名为“HD189733b”。这颗行星的体积比太阳系行星“木星”大出15%左右，位于狐狸星座区域，距离地球60多光年。

目前的科学发现公认，水是生命之源。尽管行星“HD189733b”远非生命的家园，但科学家仍认为，这一发现意义重大。

2. 美国“凤凰”号火星探测器项目小组2008年7月31日表示，“凤凰”号在加热火星土壤样本时鉴别出有水蒸气产生，从而确认火星上有水存在。

“现在我们终于‘触摸并品尝’到火星上的水了，”负责“凤凰”号“热量和释出气体分析仪”的首席科学家、亚利桑那大学的威廉·博因顿说，“根据我的

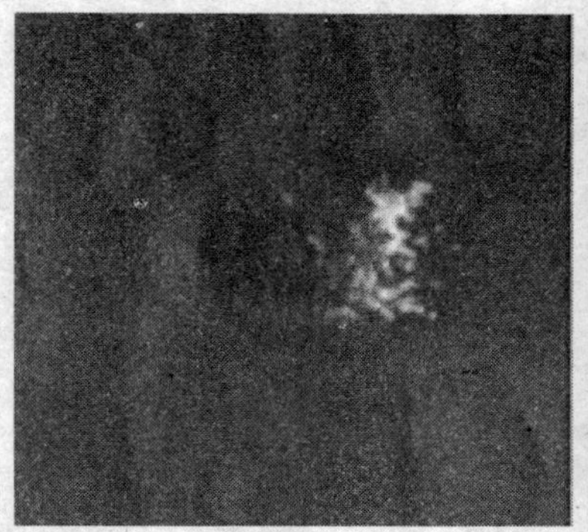

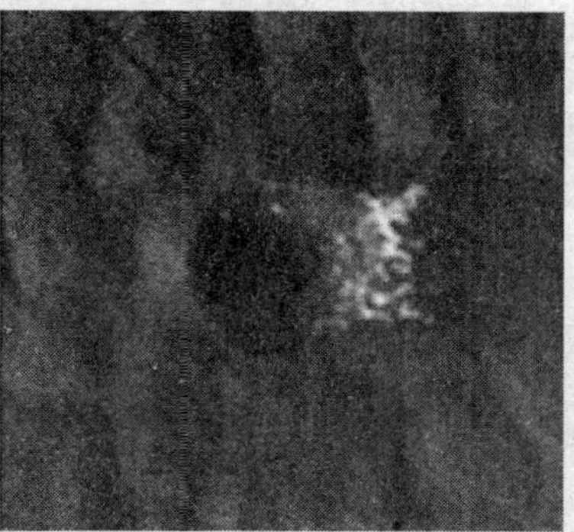

◆HiRISE拍到的一个直径12米的陨坑显示水冰如何随时间蒸发

观点，它‘味道’好极啦。”

此前，借助绕火星飞行的美国“奥德赛”探测器，科学家曾发现火星上有水冰存在的证据。2008年6月，“凤凰”号也曾在探测时发现火星表面有白色物质，而且这些白色物质几天后消失，当时科学家就猜测这些白色物质是水冰。

1. 温室效应，全球气候变暖，导致了海平面不断上升，这由人类的哪些行为造成的？

2. 人们的大胆想象并不是凭空想象，这些“未来水世界”的科学根据在哪儿？

3. 大家也大胆地设想一下“未来的水世界”。